Emotionale Gewalt

情感暴力

WERNER BARTENS

〔德〕维尔纳·巴腾斯——著

王烈——译

北京联合出版公司
Beijing United Publishing Co.,Ltd.

前言

情感暴力——看不见的棍棒

妈妈突然倒下，毫无征兆，就那样久久地躺在卧室地上，一动不动，小女孩惊慌失措地站在一旁。多年后，早已成年的她回忆道："我彻底被吓到了，跑过去想唤醒她。过了好久好久她才站起来。我坐在角落里，哭喊到不能自已时，她又好了。"

妈妈用的这一招虽然很损，却非常奏效。"只要我没按妈妈要求的做，她就装死，很快我就什么事都按她要求的做，丝毫不差。"对于那个小女孩而言，没什么比因为自己的潜在过错而失去母亲更可怕的了。女儿从此以后可能一直都觉得，如果她最爱的人们发生什么事情，那都是她的责任。她对此焦虑又恐惧。别人有什么事自己就会感到不安和愧疚的基石早早打下了。

谈到装死吓唬女儿的母亲时，慕尼黑大学附属医院豪纳儿童医院心身医学及心理治疗科主任卡尔·海因茨·布里施说："经常听到某些家长说，他们从不打孩子。"确实，使人受到心灵伤害可以不用身体暴力就能办到。布里施主要研究的是儿童早期关系的形成和发展——儿童在生命最初的几个月至几年里与父母的关系，以及其间可能会出现什么状况。不良关系导致的后果可能会持续一生。

布里施表示："这种教育方式的后果可说是非常严重，大脑会改变，关系的相应行为也会改变，对多种疾病的易感性会增加。这类病人，在他们成年之后，也会经常装死。"情感暴力就以这种方式又传递给了下一代。这些受害者的行为模式通常和他们当年要忍受的父母或其他亲近者的行为模式类似。

他已经两周没联系过她了，给他发消息也不回，给他打了好几次电话都只有答录机的留言，一点儿音讯都没有。两个人刚交往几个月，她以往在恋爱中还从没遇到过这样的事。然后有一天，他出现在她门前，好像什么事都没发生过一样，手里拿着花，邀请她共度一个他所谓的"浪漫周末"，却不澄清到底怎么回事，不表示歉意，也不认为自己的行为有问题。相反，他还要她不要在意他的消失，说："别那么矫情。"

最终她还是妥协了，继续和他谈恋爱，与他共度了一个你侬我侬的周末，被他折服。他的礼物、他在晚餐时散发出的魅力都让她倾心。酒店里的其他客人不是也一直往他们这里看吗？看这个男人怎么如此懂得献殷勤。

回到平淡的日子里后，他又人间蒸发了。她给他发消息问好，没回应；她约他出来见面，还是没回应。她对他说再也受不了这种忽冷忽热的态度，他倒把错都推到她身上："你太黏人了，我也需要我的自由。你这疑神疑鬼的毛病可不好。"很快她就开始自我怀疑，直到别人告诉她，她这是被男友心理操纵了，只会从自己身上找问题，但事实明显是他忽视她的感受，又喜欢说她不好。

科室主任带人来查房，实习医生介绍完自己负责的病例时，一大群医护人员已经站到走廊里，准备去下一个病房，这时主任又发话了："很有意思的病例。"他看着实习医生，不紧不慢地说："但你显然不懂，你这治疗方法恐怕会伤到病人的身体。也许你再考虑一下职业方向比较好，这样对大家都有好处。"他的语气特别委婉，但反而更伤人。

这些都可以归为情感攻击或伤害，它们每天都在发生，只要有人的地方就会发生。例子不胜枚举，职场中、学校里、朋友之间、爱人之间，甚至就在家庭成员之间。

冒犯、侮辱、忽视不仅让人伤心、痛苦，还会造成严重的心理创伤，让人长期受疾病困扰。情感暴力对心灵以及身体造成的后果非常严重，但它一直未得到应有的重视。

不重视、不深入

21世纪初，卡尔·海因茨·布里施在慕尼黑发起了一次关于儿童早期关系的国际会议，这很快发展成了一个知名的学术论坛。每年10月，全世界的专家们都会相聚于此，就儿童早期关系发展不良对日后生活的影响及可能导致的典型行为、病态改变、焦虑做为期三天的讨论。

2016年，布里施组织了第15届大会，并将主题定为"情感暴力"，结果原本平常的会议变得异常火爆，座位提前半年就被预订一空。上一年也很受欢迎，但有这么多人想参与还从没发生过。[1] 有1500多人对“情感暴力”这个主题感兴趣。

显然，大家有如此大的兴趣也是因为情感暴力的频率、广度、后果一直不被重视。这包括两个方面：一是低估了情感伤害发生的频率；二是认为这些日常纠纷不过是吵吵架、拌拌嘴，不会有什么严重后果，不值得深究，遭受情感暴力的人也应该默默承受，不要大惊小怪。

不是所有伤害都是情感暴力

德裔美国精神病医生埃尔温·施特劳斯在其1930年的文章《事件与经历》(德语：Geschehnis und Erlebnis)中就已指出，不是所有伤害都必然会对身体和心灵造成严重后果。书名中的“事件”指的是实际的行为，包括父母的否定、老师的批评、朋友的排挤等，但人如何经历和处理这些事取决于个人的情况，也就是心理有多稳定、有什么可用来激励自己和抵御伤害，以及事情发生在生命的哪个阶段。

事件与结果的关联惊人地不紧密，非常严重的辱骂也可以被抛在脑后，轻微责怪的影响有时却会持续很久。谁又能说清楚，童年早期遭受过严重情感暴力的人到底会怎么样？他们是否会发觉自己在一个没有爱、没有关怀的环境中长大？之后又是否会把批评视为对心灵的折磨？

无法准确地说究竟有多少人承受了情感暴力，专业研究通常表示约有60%的人曾有“嫌恶”（aversive，即“敌对性的”）经历，这不仅包括冒犯、侮辱，还包括经历严重事故、失去亲爱之人等重大体验，遭受身体暴力或性暴力之后积累起来的情感负担也算在内。

冒犯、忽视等心理伤害什么时候可算作情感暴力尚无定论。受害者的主观感受也是一个很重要的因素。有些心理医生认为，负面经历反复出现在日常生活中4周或以上，相关回忆也不消散，这种伤害就可算作情感暴力。多次的冒犯可以在几周的繁重工作后被覆盖，几乎不留什么痕迹；而某段个人经历可能会在心中越刻越深，产生持久的影响。

就算在精神病学、心身医学、心理学中，“情感暴力”也较少被重视，被关注的也多是关于战争、虐待、边缘化的后果，以及遭受严重事故、残暴行为、关爱缺失等方面，比如在叙利亚内战中失去双亲然后逃亡数月、颠沛流离的儿童。又或者是系统性虐待方面，比如尼古拉·齐奥塞斯库统治时期的罗马尼亚孤儿院的案例。有时也会因重大罪案被提起，比如娜塔莎·卡姆普什绑架案，其残酷、隐秘，让大众关注了数月。1998年，年仅10岁的卡姆普什被绑架，罪犯将其囚禁在车库下的地下室中8年多，准确地说是3096天。这些创伤经历往往会留下深刻的印记和伤痕，但还好并不多见，将它们与日常生活中的情感暴力相比较对二者都不公平。日常中生活常见的是无心冒犯、嘲讽、忽视，几乎每个人都经历过这些小小的精神折磨，它们在生活的各个方面都会出现，尤其是在团体中、一个人需要依靠另一个人的时候或权力不对等的时候，但我们经常不予重视，一带而过。

尽管情感暴力对身心健康可造成十分严重的后果，但还是会有人刻意中伤、欺负、侮辱别人。有针对性的出口伤人、发怒、仇恨对心灵特别有杀伤力，因为这体现了说话者到底有多么鄙夷、不认可对方。如果高要求的父母、其他亲近的亲属或重要的榜样人物以这种具有破坏性的方式表达不满，那对受害者来说伤害尤其重。

尽管人能做出大大小小的刻薄、残忍行为，且它们在日常生活中出现得如此频繁，但情感暴力仍被讨论得太少，有时很快就被遗忘，尤其是打着“打是亲骂是爱”“刀子嘴豆腐心”“都是为你好”之类的幌子的时候，它们很容易就被放过。有时尽管它们造成了相当深重的伤害，受害者却只是逆来顺受，默默认命。

本书就是要谈谈日常生活中的情感暴力，我们中的许多人都曾再三经历各种尖刻、贬损、欺凌、排斥，频率十分惊人。这些对心灵的攻击确实会影响到我们，不仅伤害我们的感情，有时还会让我们生病，是正在缓缓渗入并破坏许多家庭和情侣关系的毒药，也会让职场变得让人受不了。

但情感暴力究竟是什么？有什么表现形式？不客气、不友好的行为什么时候会变成有破坏性的攻击？及早识别并阻止情感暴力才是最好的防护。但如何能从一开始就保护好自己，以抵抗这种攻击性行为？

小小的创口，大大的伤害

有时，“加害者”会自行评判伤害行为是不是已经严重到会伤人。每个人都听过这些故意轻描淡写的话：“你别那么矫情。”“脸皮别那么薄。”“说几句又没什么。”“都是你自己瞎想的。”“我不是那个意思。”“你一点儿批评也受不了。”“别小题大做。”“你要说别人，就得受得了被人说。”

有人表示受到冒犯、侮辱、鄙视的时候，被指责的人大概都会如此轻描淡写，但其实只有被侵犯者的主观感受才算数，其他人的看法不重要。伤痛无法客观衡量。恶言恶行、排斥否定有多伤人，局外人无法评判，只有被攻击的对象才能体会到。

另外，情感暴力没有明显可见的痕迹，一般不会为外人所注意，就算消失得很缓慢也一样。若小孩肋骨老断、浑身瘀青，则可推测是受到了严重的虐待，比如医院和诊所里时常见到的虐待性头部创伤和骨折。医生知道儿童遭受暴力的典型迹象，也知道家长或其他施暴亲属会找什么借口。

冒犯、排斥、不理不睬、欺辱或简单直白的仇视和身体伤害一样伤人，却不明显得多，无法一眼就看出来，因此医生也将情感暴力称为“看不见的棍棒”。心灵的伤口更难推测，有时永远都愈合不了或一再复发。如何防止情感暴力的发生，以及发生后如何处理后果，正是本书的主题。

目录 CONTENTS

第四章
情感暴力如何让身体生病？ / 39

第五章
孩子如此脆弱 / 59

Emotionale Gewalt

第一章

是什么真正让人痛苦？

情感暴力有许多类型，有时可表现为忽视、排挤、冷漠，有时也可表现为公然的否定和敌对。它包括各种操纵行为，比如改变对方的感受、否定对方的感情或将其向某个方向引导。情感勒索、“煤气灯效应”和“能量吸血鬼”式的行为是最具代表性的。

尽管精神伤害有典型表现，但具体形式和情况则因人而异。对某些人来说可能是母亲的鄙夷——觉得女儿做什么都不对；对另一些人来说则可能是父亲的蔑视或摇头——觉得儿子什么都不行；还有些人则可能永远记得，自己把同学当作好朋友，同学却嘲笑自己，多年后想起还是难以释怀。

“她把我当空气”——冷漠和忽视

心理学家将冷漠和情感忽视视为创伤性体验。儿童心理医生、关系专家卡尔·海因茨·布里施说：“不被关注，得不到回应，是一种特别有伤害性的经验，不管对小孩还是大人，有伴侣的还是单身的，在私生活中还是职场中。有些家庭好几代都习惯生气时对人不理不睬，将冷漠作为惩罚。”在这种环境中长大的孩子表面上看起来也许挺好的，甚至物质上也很富足，但精神上很贫乏。他们得不到承认和尊重，得到注意也多是以训斥、否定的形式。

一些学者认为，父母或其他重要亲人的极端冷漠造成的打击与身体暴力、性暴力的打击相似或一样严重。至于父母为什么不关爱孩子并不重要，不管是因为自己陷于某些成瘾问题而做不到、自己就有人格障碍还是生性冷漠。人是社会动物，生来就需要交流、关联、互动。历史上有许多不幸的例子，有些人（经常是儿童）不得已而过着与世隔绝、缺乏关爱的生活，结果不仅心灵逐渐衰弱，身体也越来越差。

人是哺乳动物，但智人之所以比其他物种进化得更充分，就是因为他们懂得合作。有归属、有交流、有认同，是保持健康的基本前提之一。[2]乌尔姆大学附属医院心身医学及心理治疗科（心身科）

医务主任哈拉尔德·京德尔说："孤独能让几乎所有人生病，关于这方面已经有不少研究和证据。不被认同和欣赏不仅会影响大脑，还会影响整个身体，尤其会导致很高的炎症水平，许多身体和精神疾病都基于这一机制。"[3]

西格蒙德·弗洛伊德在其1919年的文章《一个被打的小孩》（德语：Ein Kind wird geschlagen）中就已经指出，对某些人来说，被粗暴对待、关系不好造成的影响，还没有被完全无视造成的大。有些受害者会再三陷入打击自尊的关系中，一辈子都要与其后果斗争。唤不起别人的反应、得不到别人的认同、被别人完全忽略可导致对自我价值的否定和突然的绝望。人会感觉自己什么也不是、谁也不是，没有任何的社会、情感支持，仿佛飘浮在真空中。

身体暴力产生疼痛，而且这种暴力和羞辱联系在一起，但不少学者得出的结论是，身体暴力有时还好过完全被忽视。当然，这不是为身体暴力开脱，不过它总归包含对方的反应——人与人之间产生联系，制造出一些事情，加害者对受害者施加行为，尽管这时向其表现出的主要是凶狠、愤怒、仇恨。

迈阿密大学的精神病学家查尔斯·内梅罗夫说："被忽视和精神创伤会留下难以磨灭的伤痕。孩子得不到关注，可产生最糟糕的身体、心理上的后果。"尽管比较哪个更恐怖不太合适，但情感暴力的后果可能更甚于身体虐待、性虐待的后果。慕尼黑工业大学附属医院的心身科医生、创伤专家马丁·扎克则表示："（情感暴力会使）一切都失去意义，人会万念俱灰、一脸麻木，情感受到很大的压抑。"而在大部分身体虐待案例中，受害者会对加害者发展出愤怒、反抗等自我保护情绪，在这里恨至少使人有一个“对象”。

被忽视的孩子则完全没有“对象”。伦敦的儿童心理医生迈克尔·拉特也表示：“缺乏的东西引起的伤害可能才是最大的吧。”亚特兰大和迈阿密的精神科专家在几年前就已指出，童年早期遭受虐待或忽视的人，长大后认知缺陷明显。[4]在遭受创伤的病例身上，不仅情感处理能力受损，视觉记忆、向着目标解决问题的能力也都被破坏，而童年早期被忽视引起的情感紊乱是最严重的。情感稳定度、智力、记忆力均明显受到影响。心理受伤引发了认知困难。

得克萨斯州登顿大学的谢利·里格斯说：“情感虐待大概是最常见也最严重的虐待。家长既是问题的起因，也是问题的答案，这对于孩子是一个很大的难处。”如果被所爱的人、童年早期依赖的人伤害，那么所造成的心理和身体上的长期后果会特别严重。是让自己造成的伤口愈合，还是一而再再而三地将其撕开，一直让孩子担惊受怕，一直刺伤孩子，完全取决于家长。

如果父母完全不试着消除自己对孩子的羞辱，收回对孩子的贬斥，孩子非常可能出现心理以及生理上的紊乱、应激、痛苦等反应。沉重的阴影会笼罩情感暴力受害者的日常互动、与他人的关系等，让他们长期生活在一片黑暗中。对此类经历，每个人的反应都不同，但后果可能在许多年后依然存在，持续影响着人的一生，甚至直接毁掉人的一生。

情感勒索

显然，如果你特别爱一个人，也特别想得到爱的回应，你最不会让他失望，为了他什么都愿意做。如果这个人——通常是父母、伴侣——据此要求超出你能力所及的关爱和注意，这就特别恶毒；如果要求得不到满足，他就会质疑这段关系，质疑你对他的爱。

这通常出现在亲密的关系中，人对这类关系期待高，对其中的行为和奉献也有既定想法。当孩子进入青春期，慢慢要从家里独立出去时，期望和现实之间就非常可能发生冲突，导致孩子与家长的对峙。

“你知道我为什么不开心”

“我还以为你是爱我的！”这是什么样的话啊！简直就是致命一击，至少也是扎心，饱含着折磨人的期待和要求，还有几乎无法忽略的责怪：他们不满意，或是早就不满意了。“我还以为你会在乎我的感受。”这又是丰富的情感武器库里另一件经典武器，在家庭关系、伴侣关系中经常被用上，就好像这一句：

“你想想我为什么心情这么不好，你自己应该能明白。”

这些话都旨在让对方感觉糟糕，有负疚感——首先要让他因为没有给伴侣足够的关注而惭愧，然后以不说清楚生气的原因作为惩罚。这是一个设好的局，早就定好了谁有罪。

妈妈对16岁的儿子说：“你知道我有多担心吗？我真希望你能为我想一次，早点儿回家，但这肯定是奢望。你能想一下我的感受吗？”他估计不能，因为他自己一点儿也不担心，和朋友们玩得开心着呢。

但现在他会为妈妈的生气而负疚，可就算想找，也找不到自己的行为值得被批评的地方，只是感觉很糟糕。如果他毫无防备地接受这种攻击，让自己的感受被如此操纵，他以后应该就不会想在晚上出去玩，或者一直想着，为了妈妈，自己应该早点儿回去。但就算他这么做，他也会有很不好的感觉，觉得自己又做错了什么事。

要正确分析这些情形，了解母亲的动机也很重要。如果她的做法是出于爱，出于自己想在儿子身边的愿望，那她时时刻刻的担心对儿子来说虽然是种负担，但也可以理解。不过，如果她是以自己的心情为中心，只是因为找不到出去玩的理由，找不到其他的娱乐而不开心，那就是在故意操纵儿子的感受。一开始他可能还能忍受她好心的关切，为了妈妈而早点儿回家，但某一天可能就会突然和母亲决裂，因为他看清了这不是为了他，而是为了她自己。

被“能量吸血鬼”盯上

朋友交际圈中总有些人会一直要求别人关注自己，不管对方有没有问就掏心掏肺地说，想一股脑儿把心里话都说出来。他们期待你一直投入，关注他们，对他们的问题永远洗耳恭听。

当然，他们可能有要背负的十字架，命运对他们并不友善，总是让他们陷入麻烦。他们说着自己的困难，倾吐内心的焦急，很少能自己走出去。于是你就得回答问题、提供建议，还得全身心关注他们，投入他们的话题。“你会怎么办？”“我该怎么做？”“说说你怎么想的吧”之类的话会不断出现。

好朋友之间、家人之间、伴侣之间，自然愿意倾听和支持对方。毕竟，内心有压力、烦恼太多时想和别人说说也是人之常情。这时你当然会给对方支持，对方也会很感激：“你真是帮了我大忙。”可事情并不会到此为止。

十万火急

她每次打来电话，也不问是否打扰到别人，更不管朋友有没有时间。38岁的她说：“克拉拉，这事很重要，我一定要和你说说。他要和我分手，我可受不了再来一次。”克拉拉已经熟悉这套路，知道通话会怎么继续下去：她会安慰对方，然后再暗示自己正准备哄孩子上床睡觉。

但克拉拉还没来得及说话，就听她朋友说：“今天我真的需要你，我真不知道该怎么办了，我真受不了了。”听起来很严重，但她每次打电话都是这样呼天抢地。克拉拉无法抵抗，只好听朋友倾诉，将身心投入。丈夫一边哄孩子睡觉，一边不满地看了她一眼。电话打了将近两个小时，克拉拉感觉筋疲力尽，但一直都没找到解决方法，下次的电话还是一样。

识别“能量吸血鬼”

“能量吸血鬼”几乎只知道提问题，很少想怎么解决问题。

他们的话题通常都不变，比如一年都在抱怨伴侣不好或老板恶劣，也不想办法改变现状。

他们在一段关系中索取的很多，给予的却很少。

他们强烈需要别人的回答、建议、观点、时间，有时一刻也不愿耽误，一定要立刻现在。

如果你对他们不够投入，他们可能会威胁要中断关系或采取别的操纵手段。

就算在非常亲密的关系中，也并不总是有时间和空间全身心只关注对方。有时就是做不到，一方就是无法回应另一方。如果这种要求再三出现又得不到满足，这段关系很快就会受到考验。有些人就是喜欢到处说自己的困难，强迫别人来听，完全看不出对方已经无法承受、无法一直为别人处理问题的迹象，有时对方其实根本就不想处理这些问题。这些人总是问着同样的话："我现在该怎么办？你会怎么办？我真不知道了。"

生命中当然会有某些阶段凡事不顺、变化众多，这时有一个亲密的伴侣或一个真心的朋友就非常好，有时这甚至至关重要，因为人总要有个安全的港湾，有个地方可以归靠。但如果一直急着要办法和回答，给予和索取的天平必然会倾斜。友谊和恋爱关系在很大程度上基于自愿和平衡。如果一方一遍又一遍说起同样的话题，对于任何人和事都要对方表个态，这就不是平衡。被这样要求的人在某一刻会觉得筋疲力尽，感觉被利用了。"能量吸血鬼"对任何一种关系都不好，因为他们利用对方来维持自己的自我中心主义。他们几乎总是围绕着关于自己的话题，但他们注意不到。

有时指责和情感勒索会有典型模式："我还以为能依靠你，我如此需要你的时候，你却弃我于不顾，真是太难了。我没想到你会这样。""能量吸血鬼"的遭遇越不幸，他们对别人的要求就越高。这时友好但明确的界限就非常重要。如果你珍视这段关系，就要清楚地告诉"能量吸血鬼"，交朋友绝对不是向别人施压，在情感上掏空别人。

友情从来不会绝对平衡，有时一方需要更多支持，有时是另一方，但如果长期处于不平衡的状态，友谊变成了心理咨询，需要一方拯救另一方，那就要赶紧说清楚你能给予什么、愿意给予什么、情感上包容的界限在哪里。

“煤气灯操纵”——当一切变得不可信时

“我今天不会又是哪里做错了吧？”“你肯定是对的，错都在我。”“她到家的时候应该什么都整理好了吧？”“可能是我想太多，但我一直觉得自己配不上他。”

如果有人一直困扰于诸如此类的想法，觉得自己没用、有缺陷、软弱，那他很有可能是被情感操纵了。所谓“煤气灯操纵”就是否定对方的感受，让他觉得自己的感觉有问题。加害者总是说受害者错了，或是受害者说了什么做了什么，只是他们想不起来了。这种操纵反复进行，以致受害者某一天真的相信了，或者害怕自己脑子已经糊涂了。不断撒谎，扭曲事实，直到受害者不再相信自己的感觉和认知，听凭加害者处置，毫无防御。先让他们怀疑自己，然后让他们绝望。

当煤气灯开始闪烁时

“煤气灯操纵”出自1944年的美国电影《煤气灯下》。一对夫妻在生活中总遇到怪事：宝拉（英格丽·褒曼饰，她还因为该片拿到奥斯卡最佳女主角奖）找不到丈夫格里高利（查尔斯·博耶饰）之前送她的一枚胸针；墙上的画不见了，丈夫说是宝拉拿走了，但宝拉不记得了；她听到阁楼里传来脚步声，但阁楼是锁着的；吃饭时煤气灯总是闪烁，丈夫却说没看见；贵重物品消失，东西移位；两人对对话内容记得完全不一样。

丈夫完全不理解宝拉的不安，说怪事都是她想象出来的。他越来越将宝拉与外界隔离开来，想让她相信自己会慢慢发疯，说她那因为难产而去世的母亲也有精神病。终于有一天宝拉都信了，结果真相是格里高利一直在欺骗她，想让她精神失常，以便在屋子里寻找宝拉被谋杀（其实就是被他杀害）的姨妈留下的珠宝。他把东西藏起来，挪动家具，还操控阁楼里的煤气，所以灯才会闪，阁楼里才会传来脚步声。

“煤气灯操纵”是恶劣的、极致的心理操纵，欺骗、动摇人心是其常见的手法。但像电影中那样在此类特别卑鄙的情感暴力之下隐藏着真正犯罪的情况很少见。总之，它是威权和胁迫。注意到对方有多容易动摇，直到最终完全不相信他自己的感知，可增加操纵方的力量。如果受害者屈服，承认是自己错了，那离操纵成功也就不远了。

美国心理学家罗宾·斯特恩描述了许多“煤气灯操纵”的例子，

以及各种利用这种操纵手法的人——从充满魅力的人物到无耻的骗子都有。[5]美国前总统唐纳德·特朗普似乎就是喜欢运用“煤气灯操纵”的人之一，斯特恩在其书中讲过。特朗普在推特上表示，左翼自由派喜剧人、特朗普反对者约翰·奥利佛邀请他参加其脱口秀：“约翰·奥利佛让他的人给我打电话，让我去参加他那无聊的、没人看的脱口秀。我说，不了，谢谢。那完全是浪费时间和精力！”

但事情不是这样的，奥利佛没有邀请特朗普，他完全不想让特朗普上他的脱口秀，但特朗普还是颠倒黑白，在广播节目中说奥利佛邀请了他四五次。这种明目张胆的胡说八道对奥利佛产生了很大的刺激，以至他都开始怀疑自己的感觉，问自己是不是真的邀请过总统。奥利佛后来在一次脱口秀中说：“他那样大言不惭，我都不确定了。我甚至认真检查，确保没有人不小心邀请了他，当然的确没人请过他。”

这件事值得注意的地方是，奥利佛与特朗普没有任何关联，不管是在个人还是家庭方面，职业上还是金钱上，他也不是容易被骗、被吓到的人，但就算如此，像他这样很自信的电视名人也会一时被明显的胡说八道蒙蔽，开始怀疑自己的感觉。这绝不代表奥利佛容易动摇，而是说明情感操纵的力量强大到不可思议。

心灵致命伤

经过长时间的战斗，士兵还是被敌方俘获了，任由他们处置。他们简短地商量了一下，决定迅速处决他。他的眼睛被蒙上，只觉得有一把枪顶着他的后脑勺。一秒一秒好像被无限拉长，时间仿佛静止了。有时俘虏会吓到尿裤子，这倒会让加害者非常开心。

这样的心理折磨有许多形式，可能是扳机扣动了枪却没上膛，让被俘者陷入无限恐慌；也可能是获胜方爆发出一阵嘲笑，又将被俘者的眼罩取下。他们已经证明，自己能行使人类能有的最高权力：决定别人的生死。他们开恩让受害者活下来，但受害者知道，这情景随时可能再度发生，暂时不处置并不意味着囚禁的结束。他只会更加明白自己的命掌握在别人手里。

诸如此类的场景几乎会出现在每一部西部片和许多平庸的犯罪片中，也会不幸发生在真实生活中。曾经在最后关头才逃脱死亡的人，可能在很长时间内心里都会有创伤，因为恐惧留下的印记实在太深，最后时刻已经来临的信念太过强大。

如果恐惧解除，一切最终不过是一场生死游戏，那心理折磨只会更加严重，因为自己的无能为力体现得更加清楚：下一刻也许会被枪毙，也许会遭虐待，但也可能出乎意料地被释放。

医学史上，印度医生在20世纪30年代曾获准在某死刑犯身上做残忍的实验。犯人眼睛被蒙上，手脚被绑在四根床柱上，然后医生告诉他要割破他的手和脚，几乎不会痛，但会不停流血。

然后医生割破他的皮肤，但同时戳破绑在四根床柱上的水袋，下面放着铜盆，因而能清楚听到滴答的声音。随着时间的推移，水滴得越来越慢，犯人的呼吸也越来越弱，直到某个时刻他完全不动了。他死了，但他不过才流失了一小杯血。他不是因为失血过多而死，而是因为他相信，自己马上就要死了。

内容要点

- 情感暴力可表现为许多形式。心理忽视和冷漠可比身体虐待或性虐待有更严重的后果。人是社会动物，需要在他人身上引起反应。
- 情感勒索在家庭或伴侣关系中尤为常见。若对方期待你证明对他的爱，且要求未被满足，那关系的亲密程度就会立刻遭到怀疑。负疚感、不安的基石就这样早早被打下。
- “能量吸血鬼”要求别人对他们永远全情投入，对亲近的人更是强行要求更加密切地关注他们和他们的感受，时刻准备好提供建议和支持。一方给予，另一方索取，关系变得不对称，长此以往好不了。
- 特别卑鄙的情感操纵手段之一就是“煤气灯操纵”。否定对方的认知和感受，使他们从某一刻开始只在自己身上寻找过错。只要谎话说得大言不惭，再自信的人也免不了开始一点点动摇。
- 完全受人摆布、面临死亡的威胁可造成心灵致命伤。无能为力，只能任由加害者行刑或开恩，会产生绝对的无助感，这种感觉可持续很久或反复出现。

Emotionale Gewalt

第二章

什么让人易遭受情感暴力?

每年夏天，从学生时代起就是好朋友的两人会到湖边的旅社见面，这已经成为两人都很喜爱的年度仪式。他们会在大自然中一起度过几天，白天四处走走，走到走不动为止，晚上美餐一顿，然后好好睡一觉。游玩不光是为了见面叙旧、运动运动，其中一个人每次都会详细说起在学校的艰难时光，并提到一个特别严厉、总是批评他的老师。这些事都已经过去四十多年了，但依然困扰着他，让他经常痛苦地回忆起。另一个人却说："奇怪，我都记不得这个老师了。那段时间的许多事我都忘了，有些事也被美化了，但总体而言，我觉得那是一段快乐、无忧无虑的校园时光。"

两人的人生都已有一些收获，事业有成，家庭幸福，生活不能说有多糟糕，所以他们哪个都不会被认为有过严重的心理创伤或挫折经历，当然他们会有自己的特点和不足，不过人的本性就是如此。但其中一个还是无法放下对严厉老师的糟糕回忆，每每总是要说起；另一个——和几乎所有人一样，上学时也曾被老师训斥过几回，却只记得那是一段幸福的童年记忆，是一段快乐的校园时光。

怎么会这样？为什么有些人在几十年后依然痛苦地记得不愉快的对话、老师的批评及其他伤心事，而另一些人有类似经历却早忘了，或者只当作有趣的往事？为什么有时能不在乎或至少很快忘记别人恶意的举动，有时却又被伤得很深，会一再痛苦地想起？

特别容易受伤的阶段

马尔堡大学的心理学家温弗里德·里夫说："我们都会在某个时刻经历恶意事件，但它们很少被量化分级。伤害是否严重到构成情感暴力，在很大程度上取决于其多少和时间点。"创伤的时间点和持续时长有极为重要的作用。比如，在罗马尼亚*，如果孤儿被忽视的时间少于6个月就很快进入悉心照料他们的家庭，忽视只会稍微影响大脑发育；但如果超过6个月，就会出现明显的大脑发育迟缓现象。

总体而言，情感上的排斥发生得越早，越可能造成伤害；短暂创伤造成长期伤害的风险要比心灵经受长期暴力的小。所以，情感暴力是否会让人生病，在很大程度上取决于它是一次性的还是长期发生的。

是谁施加了伤害也很关键，如果是重要的依附人物，比如父母、伴侣或其他亲近的人，那后果通常比一般认识的人严重得多。同样的恶语，如果从所爱之人口中说出，那真的可以让人深受打击；如果是关系普通的人说的，那就可以当耳旁风，没什么影响。

* 罗马尼亚曾颁布法令，禁止避孕和堕胎，因此生育率大幅增加，但也因此出现了一批被抛弃的孩子。——编注

伤害背后的动机也起着重要的作用。图宾根大学附属医院心身科主任斯特凡·齐普费尔说："永远要弄清楚，恶语伤人是不是故意的、有针对性的。"气头上说的话、盛怒之下的攻击可以很吓人，就好像突然的电闪雷鸣一样，但这样的爆发也会很快过去，且它们通常不是故意的伤害，也就会很快被忘记，不会有什么毁灭性的力量，过去就过去了。

但如果加害者刻意侮辱对方、打击对方、贬低对方，那情况就不一样了。这时，对受害者来说，不管加害者是要展示力量，表现自己不依赖对方还是有什么别的目的要利用对方，其影响都是一样的。虐待癖、心理投射、想让人服从都可能是情感暴力的原因。

因此，如果因某句难听的话感到受伤，想想这话到底是一时的气话还是真的有恶意可能会有帮助。俗话说的"刀子嘴豆腐心"不是没有道理，至少让人明白，家庭、伴侣等关系中一时冲动说出的话有时不用太当真。一方在平心静气以后诚恳道歉，另一方也不要记仇，学会忘记对方的无心快语。

什么情况下的攻击行为才是"有害的"？

大声、冲动、暴躁并不意味着某人就是坏人。一个4岁的孩子想看看捏死一只虫子会发生什么，那他是个坏孩子吗？应该不是。他的举动当然让人有点儿倒胃口，对动物也不友好，但也只是出于好奇，是童心的探究。可能他也会感到很满足，因为可以如此残暴地对待小虫子，让他这个“小小人”感觉很有力量。

但如果这孩子因为自己的行为受到了惩罚呢？那他就会学到，这样做不对，以后不要做这样的事。他可能也会学到，要表现好一点儿，控制住自己。但他还是会有攻击性行为。瑞士巴默尔韦特医院的心身医学主任乔拉姆·罗内尔说：“如果孩子不能通过游戏来处理彼此之间的攻击，他们以后也无法处理好攻击性行为。所以我更建议培养在愉快的氛围中解决各方冲突的能力，而不是生硬地规定这个不准做那个不准做。”

我们也可以这样理解这一呼吁：越早学会合理控制自己的攻击性行为，日后越不容易伤害到他人。罗内尔还说：“‘只是’冷嘲热讽、言语相讥却不正面攻击的人，往往才是让别人过得特别糟心的人，毕竟大部分人都不太会应对这种‘被动式’攻击。”所以，友好和尊重当然需要，但如果发生正面口角，那也不是世界末日。

在生命的发展中，人很早就会受到伤害。胎儿还在妈妈肚子里时就能“切身”感受到母亲的压力和心理负担。在生命的第一年，童年早期关系建立并稳定下来的时候，孩子对亲密感缺失、关系紊乱尤其敏感。他们就算还不会讲话，也能灵敏地感觉到周围环境中的情绪。

青春期也有不少很棘手的时刻。心理学家里夫说："大家都见过：写错一个字，被老师训了几句，孩子就非常受不了，因为人在那个阶段还没有发展好，依然很敏感，所以也很脆弱。"慕尼黑工业大学附属医院心身科主任马丁·扎克说："人越年轻越容易受到心理伤害。"童年和青春期的飞跃式发展阶段带着怀疑和不安，正是在这时，贬低可留下长久的印记。"上了岁数以后同样更容易受伤害。老人通常不再有那么多可用来抵御不愉快体验的正面经历，所以负面经历会对他们有更大的力量。"

然而，汉堡大学附属埃彭多夫医院的心理医生伊冯娜·内斯托里乌克这样说："人会覆盖不好的经历，让它们变得不完整，或永远被抹除，被许多好的经历替代。"对于轻微的恶行和严重的虐待都是如此。这种机制是人类大脑处理事情的策略。心灵懂得在一定程度上帮助自己，只要没有遭受太严重的虐待。

这位心理医生微笑着回忆道："玩躲避球的时候，我总是最后被选的人之一，但后来我就不在乎了。我在其他活动中找到了乐趣，比如田径和舞蹈，我告诉自己，球类运动不一定适合我。"

其他研究者在与病人进行许多对话后也表示，如果多次的成功经历能跟上，将负面经历覆盖，就算是很严重的虐待，也会退居幕后。这不是要将曾经历坏事之人的痛苦弱化或相对化，毕竟他们确实一再被其折磨，这只是指出人可以有哪些资源，心灵可以有多强大、多坚韧。

一切突然重现

总有些少年喜欢欺负周围比他们小的孩子，冬天抢帽子、手套，夏天拿走他们的足球，时不时还动手打他们几下。被欺负的10岁小孩因为害怕被报复，很久都没有把这些事情告诉父母。领头的几个喜欢穿皮夹克，所以有个孩子远远看到穿类似夹克的人就害怕。有一次，他远远看到一个欺负过他的人，就躲进了加油站，求已经生气的工作人员让他留下。他非常惊慌，什么都做不了，只能等到那个人离开。

几天后，那个男孩和朋友走在路上，结果又遇到了那三个领头的，但这次他很平静，镇定地说："你们可以抢走我的书包，作业本没了确实挺烦的，不过我可以得到一个新的书包，也还不错。"

面对这种麻烦的情况，为什么人有时候会恐慌，有时候会产生创伤后应激障碍，有时候却又什么事都没有？目前尚无详细的解释。为什么有些人有相似的经历，或相近的基因，却更容易患上心理疾病？为什么现在有些人稍微忙一点儿就受不了，不一会儿就表现出压力过大的症状，或动不动就恐慌发作、抑郁发作，而另一些人就算工作繁忙，要照顾孩子，还有许多别的事情要做，也经历了不愉快的事情，却依然镇定？可能只是走运，可能是由于大脑的神经构造就不容易导致发作。环境、基因、创伤、神经的特殊，所有这些还有其他许多因素都决定了我们如何面对压力。

比如，一个熟练的滑雪者，小时候有一次从山上滑下来时遭遇浓雾，转了很久才找到路，他吓坏了，但此后也多次去滑雪，也遇到过恶劣的天气。然而，他在三十多岁的时候，和朋友一起去瑞士恩加丁滑雪，雪道上可见度渐渐变差，他忽然不安起来，甚至到了恐慌的地步。朋友花了好一会儿才让他平静下来，但为什么他会现在恐慌发作，而不是在之前的那十多次滑雪中？

心理疾病比许多人想象的更常见。三分之一以上的欧盟公民每年都有一次短暂的或持续更长时间的心理疾病发作。德累斯顿工业大学的汉斯-乌尔里希·维特迅说："我们可能都会在某个时刻受到影响。"确诊的年轻人比老年人更多一些，病症在较低社会阶层中也更常见。三分之二的心理疾病在早年就会发作。他又说："这对青少年的发展有严重的影响。据统计，患心理疾病的人通常受教育程度更低，更难适应社会，也就更容易得焦虑症。"

对于个人和社会来说，心理疾病都意味着巨大的健康及金钱负担，然而治疗却滞后到荒谬：在美国，病人平均要等9年才能得到适当的治疗，在德国要等6年。在此之前，他们到处求医，看了一家又一家，做了各种检查，就是找不到真正的病因。就算在发达国家，人们对于心理健康问题还是不甚了了。维特迅不满地表示："学校里几乎不教相关知识。在公共领域，除了'职业倦怠'，大家也很少谈到心理疾病。就算在医学院，心理疾病也依然是非常小众、非常精专的领域。"

就算讨论一时很热烈，就像2009年11月足球守门员罗伯特·恩克自杀后那样，也会很快归于平静，而情况发生改变的几乎没有。足球运动员佩尔·默特萨克在2018年春提到职业体育的心理压力在他在役期间给他造成了多么大的负担，他不满地说，足球产业金额以数十亿美元计，却至今没有花钱花力来更好地照顾球员的心理健康。说要让足球多点儿人性也不过是美好的话语，至于具体的行动和改善，完全没有。

不过研究者还是找到了一些可能让人更易患心理疾病的情况。妈妈保护过度、什么都要控制和情感冷漠一样可能导致孩子日后患上焦虑症或抑郁症；抑郁症患者的孩子也更容易患抑郁症。但准确预言是做不到的，为什么有的人会生病而有的人又好好的，具体原因尚不明确。

基因问题还是大脑沟回问题?

亲近和身体接触能帮人抵抗恐慌、负担和压力吗？这是一个很好的想法，也值得一说。麦吉尔大学的神经生物学家迈克尔·米尼通过许多项分子级别的研究，跟踪调查了童年早期经历如何表现在身体上。首先，他在大鼠身上证明，经常被舔舐、拥抱的后代明显更少受压力困扰。[6]决定糖皮质激素受体数量的基因似乎最终是由母亲对孩子的亲近程度来调节的。

如果后代享受到很多身体接触，就会明显多出很多应激激素皮质醇的内源性受体，于是对压力环境的反应远没有那么激烈。应激反应依然会有，但要平和得多，因为相关激素很快就被已有的众多受体吸附、分解，从而不再有危害。

这些重要发现在人身上也得到了验证。亲近和爱护让孩子的心理更强大、更能抗压。经历虐待和忽视之后，以及在自杀者身上，应激激素的受体则明显少得多，于是身体也会经受更大的刺激，患病的风险也更高。精神上受到打击的人，其身体的抵抗力也会一辈子被削弱。

糖皮质激素受体具有解压作用，而在经历童年早期创伤之后，与这些受体形成有关的基因更少被激活，导致这一现象的细胞机制之一可能很快就会被破解。[7]这也就在分子层面上展现了情感暴力如何体现在基因及最小标志物质上。许多专业文章也详细展示出人际关系的紧密如何增加信息物质的受体并抑制其他因素的活动，以使得——在理想情况下——人能更好地面对压力。

一方面，伤害是否会造成精神上、身体上的长期后果，要看其时间点和严重程度；另一方面，基因差异也起着很重要的作用，由于基因型的组成和多态性，人遭受情感虐待和长期冒犯后可能会一辈子易紧张、易激动，身体上和精神上都痛苦，也可能情绪上大体稳定，能够面对日常生活，保有一定的抵抗力。[8]

米尼坦诚表示："不过我们依然不清楚，为什么有些人就算在最糟糕的境况下依然能保持心理健康，而另一些人则不能。就算在俄克拉何马市爆炸事件和骇人的'9・11'袭击之后，在后来几年中出现心理问题的居民也仅占当地人口的40%，并不比平常更多，和其他地区相比也是一样多。"早期创伤经历、出生体重不足、贫穷等都是更易患心理疾病的"预兆"。米尼说："但其中任何一个都不能作为干预的理由，我们还是需要更准确的风险因素！"

美国国立卫生研究院的杰伊・吉德在青少年的大脑中寻找各种心理疾病的易患特征，但他也不认为，经他多年不断优化的核磁共振能最终解开精神稳定性之谜。[9]图像显示，患有精神疾病者，其大脑构造更经常有异常，这使得我们对这些疾病有了更深入的了解，但这并不意味着有这些特征的人最后一定会发病。[10]吉德说："通过这些图根本看不出是女孩的大脑还是男孩的大脑。"他确实找到了一些易患特征，但它们并不是决定性的。

内容要点

- 许多因素共同决定了伤害和忽视是否会在身体上和精神上留下持久的印记。伤害的方式、时间点、持续时长、受害者与加害者的关系都非常重要。另外，个人的资源、环境和基因组成也有重要的作用。
- 现在有许多独立研究发现，心理、神经、基因的一些特征能让人更有耐受力，但尚无法准确预言谁更易患病、为什么更易患病。说的只是“更可能”，而不是“一定会”。
- 早期创伤经历通常会导致早发的严重问题，因为大龄受害者可能已经有足够的机会创建稳定的心理。不过伤害的持续时间也有重大意义，一时的伤害经常可以被很好地覆盖，长期的侮辱则需要更长时间才会退居幕后。
- 越来越多的基因和神经因素被认为有助于建立一个具有抵抗力的心理基础。对自己好也受别人良好对待的人更不易受打击。基因及大脑构造并非一成不变，比如亲近和关爱就会激发出不少细胞分子机制，让人更能长期抗压。
- 好消息是，就算是严重的问题也有办法面对。加害者对受害者的伤害也有限，并不总会超过严重的伤害和漠视程度。

Emotionale Gewalt

第三章

抹不去的心灵伤痕

不安和脆弱

女子说："那太痛苦了。"爱上她的男子反驳道："但如果你不投入，就永远体会不到情侣关系中的亲密和安全感。"她说："我做不到，我之前已经受过太多伤害了。"她不是被其他男人所伤，而是被她的母亲所伤，那个看不起她又一直表现得很明显，有时甚至还打她的母亲。

当她长大成人，想去看望父亲时，要先问母亲在不在家，只有母亲不在家的时候，她才敢去。她一辈子都没有和母亲和好。那个男人说："但只有接受亲密才能有亲密的关系啊。"两人约会了一段时间，但好景不长。她就是做不到敞开自己，无条件地相信对方。

不过，伤害这个女子、让她失望的就只有她母亲吗？这值得一问。毕竟，软弱的父亲也从未保护过女儿，帮助女儿抵挡母亲的攻击。在这种困难的境况中，从自己对其还有一点儿信任的人那里也得不到任何支持，这对已然受伤的自尊又是一重打击。

得克萨斯州登顿大学的谢利·里格斯说："童年一直遭受情感暴力的人，日后经常显示出模糊的依附行为。这类人很羞怯，说话模棱两可，避免与人接近。他们一方面渴望亲密关系，一方面又害怕别人靠得太近。"

所以他们的伴侣关系通常不稳定，分手率也更高。受过这种伤害的人在伴侣身边永远不会真正感到安心，他们很少完全信任别人，从不完全放开，而总是留有一些疑虑。这样的话，信任要从何而来呢？最亲近的人、最爱的人都曾让他们大失所望这种经历的影响淡化得很缓慢，有时永远都不会消失，于是他们也就不可能有相互信任的伴侣关系。

什么是心理稳定性？

在医学及心理学上，“心理稳定”就是能调整自己的情绪，让自己和周围的环境通常能接纳自己。这就意味着，面对成功和满足不要过于兴奋，面对危机、失望抑或偶尔的受伤也不要过于悲伤，也就是常说的不要走极端，要维持一个放松、适度的心情。在与他人的接触中，“心理稳定”意味着不要因为一点儿小事就暴怒，就要中断关系或是故意让别人过意不去，让对方有负疚感。

海德堡大学附属医院的马库斯·席尔腾沃尔夫说：“所谓心理稳定就是正确面对不稳定。我们生活的环境从来不是一成不变的，所以稳定首先就是能适应。能适应、从容面对强烈变化的人，活得更好，甚至更久。”所以，对每次指责、攻击、争辩都反应激烈不利于长寿，一直抱怨对自己没有好处。

显示情感脆弱的行为特征各种各样，自恋型人格面对一点儿小批评就非常敏感，而易怒、冲动、总害怕失去的边缘型人格脾气差，总受困于空虚感，也谈不上稳定。

童年早期就有稳定依附体验且在家庭的环境中学会应对危机的人，最可能产生良好的心理抵抗力。某些基因突变也让应对压力和负担变得更容易。另外，不要总在别人身上找问题，要意识到是人都会犯错。这样做也能强化心理。这绝不是老生常谈，而是推动事情变得更好。

童年或青少年时期遭受过情感暴力的人在一生中都更容易出现心理问题和身体功能不足，更容易患上抑郁症和焦虑症，其情侣关系也常伴有冲突、恶意揣测、不愿交谈、不愿让步的现象。

不信任、害怕被抛弃或背叛也可能导致根本就不会开始恋爱，这些人的宗旨就是与其让自己冒再次被伤害的危险，还不如干脆不要碰。这样很可能在不安和抗拒中过一生：不要跑出太远，打击也就不会靠得那么近。

情感暴力受害者的另一种典型行为则完全相反：很早又很频繁地进入有风险的关系，过于舍己为人。不加选择地随意进行性行为也是其中一种。对认可的渴望和长期的自我贬低形成一种致命的关联，互相加强。他们很少对自己好，毕竟之前从未得到尊重，所以一直觉得自己不值得被尊重，结果就一直会与伤害自己的人交往。

外人一眼就能看出不对劲，不明白为什么有人一直选择不好的伴侣。

对这种不设距离、轻易进入亲密关系的态度还有另一种解释，那就是对“终于感受到自己”、克服浑浑噩噩的麻木感的迫切需要，所以痛苦和快乐都需要特别强烈。某些人因为童年或青少年时期遭受的情感暴力失去了所谓的“情感反应能力”，也就是说，他们感觉内心空荡荡的，没有任何回响，不管是让人高兴的事还是坏消息都激不起任何感觉。无论是深深的悲伤还是热烈的愉悦，他们都很少感受到。接二连三的短暂恋爱、随便的性关系可能代表在绝望地追寻亲密，同时也有体验更强烈感觉的渴望，而这些感觉一开始就因为他们害怕受伤害被排斥了。

心灵感冒还是严重创伤？伤害到底有多大？

很难甚至不可能评估一个人受到的精神伤害到底有多大，只有受害者本人才能判断、体会。比如，未能升职带来的失望以及随之而来的不被认可比公开欺凌更伤人吗？还是反过来？

安德烈亚斯·梅尔克说："压力强弱比较在科学上已经过时了。"心理压力和负担不是力、速度等那样可以客观量化的物理量。所有"常见精神障碍"都可能是情感暴力的后遗症，注意是可能，而非一定。

梅尔克及其团队在苏黎世对所谓"适应障碍"做了深入研究。他说："这是之前最不受重视的一类病症，现在才得到更多关注。我愿称之为心灵感冒，但它也可能演变成慢性病。"

要确诊适应障碍很困难，比较明显的症状是难以应对分手、职场问题或换工作、搬家等改变，对此表现出害怕、担忧、烦恼，其他症状还有易怒、回避社交、一直围绕着同一个念头打转。有些人之前在日常生活中毫无问题，却被一个新情况完全扔出了轨道。他们突然变得麻木、空虚，对长久以来的爱好也失去了兴趣，从朋友圈子中退出。

内容要点

- 遭受过情感暴力的人经常难以维持长久、紧密、稳定的关系，害怕再次失望和受伤让信任和与人亲密成为一件困难的事。
- 经历过情感暴力之后，有些人可能会不加选择地与他人交往。他们觉得自己不值得被尊重，所以放弃自己，或者是出于对“终于感觉到自己”的无尽渴望。
- 情感暴力可导致适应障碍。在日常生活中一切都没有问题，但一旦被私生活或职场中的变故抛出轨道，则反应为退避、产生抑郁情绪或者突然变得很有攻击性。

Emotionale Gewalt

第四章

情感暴力如何让身体生病？

情感暴力不仅会导致显著的心理后果，还会导致明显的身体症状，其表现方式多种多样，出现时间也各不相同，但都长期未被医学重视。同时，研究已经表明了心理负担、虐待及其他创伤经历会在身体上留下哪些印记，更多的发现也在不断加入进来。再三经历伤害、忽视的人，其下丘脑–垂体–肾上腺（HPA）轴会在某时变得永久性敏感，总是处在高压之下，导致身体一直发出警示信号。

在大脑下丘脑、垂体的控制回路中，信息物质被释放出来，又刺激肾上腺分泌更多的皮质醇、肾上腺素等应激激素。这种体内的“持续火力”让人易患多种疾病，并会削弱多个器官，加速动脉的硬化和钙化。另外，一直被伤害会降低疼痛阈值，影响免疫力。经历创伤之后，多处炎症水平上升，这也能解释为什么患心脏病和癌症的风险增加：在这些疾病的发展中，炎症反应和信息物质起着非常重要的作用。

心理变弱，抵抗力也变弱

情感暴力对身体来说意味着纯粹的压力，这种压力可能是暂时的，但更可能是长期的。持续的高压力水平会导致慢性炎症多发而不需要有外部致病因素。这种炎症反应在科学上被称为“上调”，可导致白细胞介素–6等炎症信息物质的浓度持续上升。身体在此时做好了随时进行战斗的准备，但实际上没有病毒、细菌等外来入侵物，于是就把自身当成了攻击目标。细胞和器官受到进攻，功能被影响，因而也会更快老化。

研究发现，在齐奥塞斯库统治时期臭名昭著的罗马尼亚孤儿院中经历封闭童年的人，一生都更易受感染。就算他们早已逃离强制的社会封锁，在少年时期找到了友好的家庭，进入有保护的环境，远离了童年早期受折磨的地方，他们在几十年之后对各种疾病和感染的抵抗力还是很差。身体不仅一直敏感，还一直脆弱。

柏林夏里特医学院的心理医生扎比内·奥斯特说：“在很小的孩子身上就可以观察到，如果他们被忽视、很早就与父母分开很长时间或经历了其他形式的情感虐待，他们就更易生病，死亡率也会升高，认知发育和情感发育都会更缓慢，HPA轴持续被激活而损害海马体。”

大脑也受害

海马体正是中枢神经系统中对感受处理最重要的构造，属于边缘系统，此系统又被称为“情感脑”。感受在这里被“处理”，对他人行为的反应也从这里发出。如果幼龄孩子受到情感虐待，海马体相较同龄人会更小，其功能也会大受影响。[11]如果孩子很早就受到伤害和侮辱，其理解、分类、表达感受的能力一辈子都会发育不足。[12]

而机体对恐惧刺激和不愉快情况的反应因此会更加极端，对感受的微调也更加困难。另外，身体感到的疼痛也更加剧烈。很小的挑衅和挑逗都会引起大的发作，心理承受力不佳，而且很快就会耗尽。奥斯特说：“处理疼痛和处理情感的生理系统有大到惊人的重叠。”因此，排挤和中伤不仅会造成心理不适，还会造成身体疼痛。

不过，人对排斥和由此而来的压力做何反应也和各种遗传因素有关。任何特征的GG基因型能通过大脑及肾上腺控制应激激素皮质醇的分泌，如果有这种基因型，童年早期遭受创伤导致青春期或成年后患抑郁症或其他心理障碍的风险就更大。而基因中的AT变异似乎能在某种程度上防止心理过快失衡，共情能力和社会应对能力也就能得到更好发展。[13]

后续的心理治疗也能帮助减轻海马体因压力而产生的损害，或至少缓和最严重的后果。布里施说："经过一周数小时的强化治疗，相应的大脑结构又能恢复原样。"一个令人安心的信息是，大脑和神经系统的其他部分有惊人的再生能力，就算在成年以后也可以改变，这被称为可塑性。不过，伤害越严重，持续时间越长，帮助来得越迟，恢复的道路就越艰难、越漫长。

受过专业心理治疗技能训练的医生已经找到了很好的说法向经历不愉快事件多年后依然备受折磨的人传达："我们只是大器晚成而已。"《拥有幸福的童年，永远都不嫌晚》（德语：Es ist nie zu spät, eine glückliche Kindheit zu haben）这样的书也表明伤害并不一定会留下无法磨灭的深刻伤痕。[14] 精神病学家本·菲尔曼以许多例子指出，苦难的童年之后依然可以拥有幸福美满的生活，不需要美化沉重的过去就可以实现，而且成功率之高令人惊奇。尽管生命的开头并不顺利，许多人还是能感受到什么能帮助自己，什么会让自己强大，以及自己拥有哪些心理自愈能力。

伤害和侮辱如何损伤心脏及其他器官？

“我都要犯病了！”当生活压力太大，不是一帆风顺而是需要逆流而上时，我们就会在不经意间说出这样的话。科学家最近越来越多地发现这句话真是非常真实，因为心理问题不仅能很快引起恐惧和抑郁，还能导致身体的不适。心理疾病和身体疾病密切相关，许多病症都能归结到情感暴力，其病理生理学机制、细胞机制、分子机制也越来越多地被揭示。令人高兴的是，这早已不只是心理学的专属领域，所谓的“硬科学”也开始关心这些课题。

2017年12月，在达拉斯召开的世界最大的心血管专家会议——“美国心脏协会”大会上，医生们阐述了少年时期遭受虐待、欺凌和情感暴力会如何提高成年后患急性心肌梗死或脑卒中的概率，心血管系统及器官系统出现其他疾病的风险也会因此而升高。医生们指出了不良经历造成日后疾病的各种机制。[15] 身体之所以会更加脆弱，是因为经历过严重心理压力的青少年更容易养成不健康的生活习惯：他们更不注重营养，更少活动，更不顾后果，于是更容易出现超重、高血压、糖尿病。这种不健康的“三组合”被认为是血管及其他脏器过早出现损伤的主要原因之一。

这又可导致其他许多疾病，比如冠状动脉钙化、急性心肌梗死、脑卒中以及血管问题。“化悲愤为食欲”这话在一定程度上反映出心理遭受压力之后，对食物不健康的过度渴望经常演变为对心理痛苦的有害补偿，从而形成不健康行为和患病之间的恶性循环。

童年遭受的虐待和负面体验也会直接导致成年以后的高血压。相比没经受过虐待的女孩，经受过虐待的女孩中患高血压者多了43%。[16]敌意和情感暴力究竟如何损害心血管系统以及新陈代谢还未有详细说明，首先可能是机体承受的高度压力在起作用。也就是说，对不愉快体验的反应既是心理上的，也是生理上的：它会激发细胞炎症和应激激素分泌，从而对血管壁、组织和器官产生持续的攻击。

另外，慢性压力或反复出现的极端压力高峰，比如经受暴怒或严重侮辱后会出现的那种，会影响免疫功能、新陈代谢、神经系统扩展以及内分泌平衡。如果伤害出现得很早，程度又很严重，甚至可能阻碍儿童的发育。

参与分析的埃默里大学流行病学家沙基尔·苏利亚说：“这里的悲剧性在于遭受这些创伤的首先是儿童。我们在这里说的是遭受过身体虐待及性虐待的儿童，或经常目睹暴力的儿童。就算经历已经停止，其负面后果也不会消失，而是会持续许多年。”对情感暴力的受害者也有类似的发现。

因此，“第一预防”和“第二预防”都是最重要的目标。苏利亚表示：“理想情况下，我们要杜绝此类事件发生，如果确实发生了，我们就要想办法尽量减少对健康的不利影响和长期损害。”

心理学中的“逆境”一词通常表示敌对状况及其他负面体验，

包括一切能威胁孩童身体及心理安全或破坏其家庭、社会结构的东西，不仅有情感虐待、身体虐待、性虐待、忽视、欺凌、家庭暴力，还有父母的分开或去世。如果父母有毒瘾，或者从小生活在高犯罪率、多无家可归者、歧视泛滥、十分贫穷的区域，或是社会低阶层出身，孩子患病的概率也会提高。

如果将这一广义的“逆境”定义用于情感暴力方面，那么在美国和欧洲等发达工业国家和地区也有将近60%的人在童年有过这样的负面经历。一半以上的人遭受过深刻的心理冲击。在苦于战乱、饥荒、逃难的地区，比例自然还要高得多。

不过，受过情感暴力的人并不一定举止异常，他们的心理压力、身体疾病也不一定一眼就能看出。有时缺陷只会在生活艰难等高度压力和极端情况下表现出来。这时，身体和心理的症状会叠加：如果受过情感暴力的人在工作上遇到困难，他很容易觉得自己要被炒鱿鱼了，于是背痛或心脏不适。或者一和伴侣吵架就觉得要被抛弃，于是总感觉头晕。一位有经验的医生称之为“侧风稳定性缺失”（德语：Fehlende Seitenwindstabilität）：缺陷和损伤只在日子难过、境遇不顺时才显现出来。

当然，不是所有在逆境中长大、受过情感暴力的孩子都会血管过早狭窄、新陈代谢失常。有一系列生理和环境的保护机制，包括文化和社会的保护机制来降低风险，避免发病。要更好地预防、保护孩子不受早期暴力经历长期后果的伤害，就要加强这些机制。

现在，能让医生尽早识别出高危病人的指导和建议还很少，这方面的研究尚需大大加强。到目前为止被认知的只是情感暴力和所导致长期健康后果之间的诸多简单关联。不过，不少刚刚开始的探索已经展现出这个问题在实际中是多么重要、会影响到多少人。对于不明原因的身体症状，也要考虑可能是情感暴力导致的。

心啊，你还需要什么？

大家老早就会说“心碎”，但科学家直到相对近期才发现心确实可以碎。1990年，日本医生第一次描述了心理压力、恐惧、悲伤、冲突对心脏可以有多么大的影响。在超声波及其他影像手段的帮助下，他们发现，一些病人的心脏出现奇怪的收缩。因为其形状让他们想起了日本传统的捕章鱼器，所以他们将这种病命名为“蛸壶综合征”，[17]更出名的叫法是“心碎综合征”。

患者会感到胸痛，有压迫感，喘不上气，心脏泵血减弱。因心电图有明显改变，所以医生一开始经常认为是急性心肌梗死，通常只有在心导管检查时才能看出区别：冠状动脉竟然没有堵塞，这与心肌梗死不同。致病的原因之一可能是心肌毛细血管暂时性收缩，这可导致供血减少甚至危及生命的泵血功能衰竭。[18]住院几日之后，症状又几乎完全消失了，病人也肯定不是在装病。

“心碎综合征”

她从父母那里从来没听到过什么好话，也没获得过亲近和鼓励。她只记得自己被训斥，好一点儿的话也是被告诫。爸爸经常对她说：“你什么都做不好，还不如死了算了。”她从很小的时候就要在家努力干活儿、帮忙，以为这都是理所当然的，从来不要求什么感谢。

这已经是许多年前的事了，但在重症监护病房待了几天后，67岁的她又想了起来。现在她进了复健医院，因为“医生说心脏没事，健康得很”。

她因为疑似心脏病发入院——胸痛、气短、在院子里突然晕倒，这些似乎都能证明。到了医院后，医生也马上施治。检查结果却表明她的冠状动脉没有变狭窄，心肌供血充足。她回忆道：“医生说就是压力太大了，突然就发作了。”

对“心碎综合征”的了解也有一个有趣的扩展。苏黎世及德国的医生表示，不仅负面压力会致病，在某些极少见的情况下，正面压力也可影响心脏。[19] 他们还为此起了一个上口的名字“开心综合征”。研究作者、苏黎世大学附属医院心脏专家耶莱娜·加德里说：“可能生活中的高兴与悲伤都有相似的情感及身体作用，治疗心脏不适的病人时，医生要考虑到这一点。”

医生分析了欧洲范围内1700名疑似患有“心碎综合征”的病人，其中485人的唯一致病原因是心理因素。95%的参与者曾有过负面经历，仅4%只有正面经历。到目前为止，医生主要根据病例报告来判断（如果能判断出的话），此项研究是目前最大型的。令人惊讶的是，少数“开心综合征”患者和多数“心碎综合征”患者，不管是临床发现还是检查结果都很相似。

心脏专家克里斯蒂安·滕普林说：“我们认为‘心碎综合征’其实是一种经典的循环反馈。心理及生理刺激都参与，心脏和大脑都涉及，最后悲伤和美好的经历在中枢神经系统中走的是同样的感受处理路径。”

患者中女性占多数，她们似乎更易被突发情感影响，其中一小部分并无深刻的负面经历，而是报告称近期曾有过令人高兴的事，于是研究者得以排除其他，将狂喜作为对心脏不适的唯一解释。

有时候就是高兴过了头：子女结婚、与50年未见的同学重逢、当上奶奶或外婆、喜欢的球队屡战屡败后终于赢了一场。研究的参与者还报告了离职惊喜派对、过生日、求职面试成功、核磁共振检查未发现任何问题等相关场景。这样压倒性的经历不仅会导致大幅的情绪起落，有时还会在身体上留下印记。情感的力量真的可以“扼杀”一个人的心。在这里不应说是情感暴力，而是情感过度。

陪护亲属：因忧而病

“心碎”抑或“高兴过头”引起心脏问题只是暂时的特别状况。长期的负面感受则会给人带来有损心脏功能的后果。比如，伴侣关系、家庭关系中的“协同”（有时却正是“不协同”），对心脏及其他各个器官都有惊人的强大作用，以致身体各个部分都会受其影响。

2018年，美国心脏病专家研究了移植人工心脏对病人及其最亲密家属有何影响。研究表明，安装了左心室辅助装置的病人有明显好转，但由于他们需要陪护者的大量关心和支持，所以陪护者很有压力，这反倒会影响到陪护者的心脏健康。

担忧和不安等负面感受会反映在身体上。研究表明，如果陪护亲属受到的压力太大，他们的免疫力会大受影响。免疫力降低表现得很具体：相比无须进行陪护的同龄人，陪护者更难以抵抗人类疱疹病毒。于是，长年照顾家中痴呆患者的人，其皮肤表面伤愈合更慢也就不奇怪了。

面对阿尔茨海默病、帕金森氏病、某些肿瘤、多发性硬化症等进行性慢性病，陪护者清楚地知道病人的状况会越来越糟糕，而且没有治愈的方法。感觉亲人的认知能力、身体功能日渐下降是一种特别沉重的精神压力。

许多因素会让陪护者的健康受到影响：改善无望让人更容易抑郁，而与他人的接触、社会活动、工作事宜通常都会被削减，因为陪护要占用大量时间和精力。这些都会削弱免疫力，让身体状况变糟。

压力如何伤害身体？

压力首先事关神经系统，但长期的压力会影响整个机体。医生们很清楚，如果一个人一直处在压力之下，无法处理身体的自我攻击，心脏就会更早出现问题，血管就会更快变窄，以致几乎每个器官都受到影响。但尚不清楚为何有时是免疫系统、疼痛感知被影响，有时是背部、胃、心脏被影响。科学家最近才指出，长期压力如何在大脑的指挥下扩展至全身，并影响各个器官，尤其是心脏和血管。[20]

哈佛医生艾哈迈德·塔瓦科尔为此带领团队研究了将近300名中年人。承受高压的被调查者，其大脑深处杏仁核的神经活动增加了，他们的血管硬化也更严重，通过的血流更少。杏仁核是“情感脑”的一部分，害怕、气愤等感受在这里被处理，在压力之下，它似乎会立刻向骨髓和身体其他部分发送信号，从而产生更多的白细胞和其他炎症介质。

这样，身体无须通过细菌感染也就是外部病原体进入机体，就会长期处在炎症的状态下。医生所说的“炎症”就是身体中无处不在、持续进行的一种攻击过程，它可损害任何组织尤其是动脉血管壁，使之变硬变厚。由动脉硬化、钙化造成的血管过早狭窄以及随之而来的心绞痛、急性心肌梗死、脑卒中都是容易产生的后果。

压力引发的慢性炎症不仅危害血管，如果持续一段时间，完全可能危害到身体的所有组织和器官。一些特定的信息物质，即所谓的“炎症介质”，就会在整个机体中拉响警报。如果白细胞介素-6、肿瘤坏死因子-α、C反应蛋白的值升高，就说明炎症反应及对应的免疫反应都在加剧。这些物质不仅自己有攻击作用，还刺激别的抗体和免疫细胞将身体当作要毁灭的目标。

这是多种信息物质、细胞、免疫反应在共同起作用，这本可保护身体不受外界侵害，而且十分管用：应激激素分泌增加，免疫细胞被激活，大量免疫细胞横扫全身，具有攻击力的物质也帮助它们做斗争。这个组织严密的防御行动十分有力，也能很快增加“兵力”，只是在压力引起炎症时会把火力对准自身。

压力如何让人生病？

如果心理压力不断增加，或心病一而再地发作，对身体也会造成一些后果：信息物质和炎症细胞会被激活，激素水平改变，疼痛阈值下降。每个人都有自己容易被心理攻击伤害到的薄弱之处。比如，应激激素和炎症介质可攻击胃，减弱胃壁对酸的防护，刚开始只是反酸，后来会变成反流，最后症状加重，可导致溃疡。

还有人是血管最先被殃及，应激激素和炎症导致血管壁变硬、弹性降低，无法适应血压和血流的变化，钙化也会出现，血液逐渐无法通过，最终可导致动脉粥样硬化、急性心肌梗死、脑卒中。

不过，慢性疼痛也经常是由压力引起的，毕竟，骨骼也是一种活组织，不停地在合成和分解，会受到应激激素和炎症的攻击，再加上疼痛阈值降低，肌张力增高，就会造成持续的疼痛，比如背痛就经常不是身体问题，而是由职场中的精神压力造成的。如果人长期感觉有压力又被忽视，感到疼痛的可能性就特别大。苦恼于工作中没有成就，也不被领导和同事重视，即所谓的“满足感危机”，是原先健康无病的人患上慢性腰痛的最主要原因。

通过对大脑和身体其他部位的扫描，研究者证明，杏仁核活跃度升高也和炎症介质浓度升高相关。临床经验也多次表明，如果杏仁核一直发出警报，开动火力，受试者的血管就会受到更严重的影响，患上急性心肌梗死的风险也会升高近60%。

塔瓦科尔说：“和心血管疾病的其他风险因素一样，慢性压力也应在常规问诊中被关注，其治疗也应有针对性。如果精神压力能得到有针对性的释放，不仅能让人感觉良好，还对身体健康有实在的作用。”

在早先的研究中，英国的医生就已经搜集了世界各地的大量数据，并以此指出心理压力和负面感受会增加患急性心肌梗死或脑卒中的风险，其影响几乎和抽烟一样，甚至更甚于著名的传统风险因素——“三高”：高血压、高血脂、高血糖。[21] 工作、家庭、伴侣关系中的压力和不悦造成的负担导致患急性心肌梗死的风险系数高至2.67，与众所周知的风险因素——抽烟造成的风险系数（2.87）相差并不远，甚至还高于糖尿病（系数为2.37）和高血压（系数为1.91）。

莱顿大学的伊尔泽·博特说：“近十年来，越来越多的人饱受日常压力之苦，不管是因为工作量增加、工作不稳定还是生活没有保障。”她还向医生同行呼吁道：“我们在日常行医中应更多地考虑到这一点。”毕竟有许多证据表明压力能强烈地影响到我们的身体、我们的心。[22]

内容要点

- 情感暴力以多种方式影响身体，所有器官都可能被影响到。另外，伤害和侮辱还会损害免疫系统，让人更易感到疼痛，伤口愈合也会被干扰，结果是长期处在压力之下的人更易被感染。不过，最重要的还是非致病原引起的炎症会攻击各个器官。
- 情感虐待还会造成大脑的改变，尤其会导致负责处理感受和经历的部分发育不良，受影响者难以面对改变和突然的压力。
- 每个人都有不同的容易被压力攻击到的地方，心脏、胃、后背最常被影响，损害机制各种各样。
- 在心血管方面，情感暴力会让动脉更快钙化、弹性降低、血液更黏稠，从而形成血栓，最终可导致急性心肌梗死、脑卒中、心律失常。
- 骨骼也是活组织，在长期伤害和负面经历的影响之下会被攻击以致更快退化。应激激素分泌增加会影响骨骼，再加上恐惧和压力导致肌肉僵硬、缩短，综合起来情感暴力易引发后背疼痛等骨科病症。

Emotionale Gewalt

第五章

孩子如此脆弱

从生命的第一天起，孩子就能够感受到自己是否安全、过得是否好。他们的第一语言是触摸，而且他们对环境变化极其敏感。如果关爱缺失，很快就会体现在身体上：婴儿会更易激动、紧张、哭泣，整个身体都会受到压力作用。他们能很准确地感知到自己以何种态度被对待。

如果婴儿得不到回应

海德堡大学附属医院的安娜–莱娜·齐特洛说："婴儿能立刻察觉到自己在母亲那里引不起任何反应。"她在讲座中展示了一些患抑郁症母亲的影片片段，令人印象深刻。"这种负面反馈会产生多方面的后果，包括高度紧张、强烈压迫感。"

如果母亲很少触摸孩子，二者很少有互动，会对孩子童年早期的发育有各种各样的影响。齐特洛说："孩子在认知和情感方面的发育都会比同龄人迟缓，他们的智商也比较低，会有更多语言、睡眠问题，在青春期也多会过于冲动或抑郁。"许多发现已指出他们会有哪些生理、心理上的不足。

亲密缺失

母亲呆呆地望着前方，或者说什么都没看，就是在发呆。好像没什么可看的，房间里没有什么东西值得关注。这让人们几乎会忽视她面前才几星期大的婴儿。孩子——她的孩子——

必须十分努力，才能从母亲那里得到一个眼神、一点儿关注。孩子躺在床上，笑着，挥着手臂，想尽办法让妈妈注意到自己，但毫无效果，妈妈就是没反应。孩子一直动个不停，最后孩子彻底失望，放弃了一切努力，不再想引起妈妈的注意，面部表情都变了，整个人变得僵硬，感觉心如死灰。

正因为童年早期的依附障碍可造成非常严重的后果，所以重视妈妈的产后抑郁症就非常重要。产后抑郁症又被称为"Baby Blues"，指孩子经常得不到重视。称为"产后抑郁症"要好一点儿，但依然会有医生以及普通人认为这只是暂时的悲伤，很快就会自行消失。可惜实际情况并不总是如此。悲伤有时会持续很长时间，母亲十分麻木，对孩子几乎不做出任何反应，无论孩子多么想让自己被注意到。

如果母亲能通过视频看到自己的麻木冷漠，有时也会有帮助，因为她们也会惊讶于自己对孩子原来如此不关心、缺少回应。"不过就算抑郁减轻了，和孩子的关系也不会自动改善。"齐特洛针对广泛传播的错误看法这样说。母亲可能会感觉好一些，但孩子依然会在情感上被忽视。

许多城市都有"父母培训班"，这些父母可能在自己的童年有过不好的经历，现在要学会与孩子建立稳定的关系，认识到孩子的情感需求并给予正确的回应。[23] 也可能是初为父母，不知道孩子到底要什么、应该怎么对待孩子。他们不知道哪些是孩子的正常表达，比如不知道哭了并不代表孩子有什么紧要的需求。

备受打击的一生

三十多年前，这个女人从罗马尼亚来到德国。她在这里成了家，有了两个女儿，她们现在都已长大成人。几年前，她的丈夫去世了。尽管时过境迁，但她对小时候养母打她、骂她的回忆依然时不时涌现。她内心从未笃定地知道自己在何时何地可以感觉到安全，所以一生都是一个胆小害怕的人。

因为没有自我，所以孩子离家、丈夫去世之后，她感觉十分空虚。对养母施加情感暴力的记忆一直伴随着她。因此，在心理治疗中，她需要亲密及明确的支持来一步步更加相信自己，感觉自己有所掌控，而不是只能被动接受生活给她的环境和命运。她必须首先学会发展出心理学家所说的“自我效能”。

抚摸，而不是“冷处理”

夜夜哄孩子而不能睡觉，神经紧张，随时应付各种事情直到崩溃，没有什么比这更让初为父母者疲累。家里的长辈经常说：“孩子闹就闹吧，又没什么大事，不理他就行。”这是所谓“黑暗教育”的招数之一，其（错误的）逻辑是孩子只是因无聊才哭闹，知道爸爸妈妈一听见哭声就会马上跑过来，所以要对着干，千万不能由着他！

这种想法既残忍又荒谬。大部分婴儿在几个月大时就是无法连续睡8小时，昼夜生理节律尚未形成，许多孩子喝过奶几个小时之后又会饿。按时睡觉，让自己平静下来，找到安抚奶嘴，这些都要以后才能学会。

卡尔·海因茨·布里施说：“德国的父母总害怕惯坏孩子。大家知道，如果父母不马上去管，要孩子等，他就会闹得越来越久。”所以医生都建议快点儿去哄哭闹的孩子。慕尼黑豪纳儿童医院的儿童发育专家弗洛里安·海嫩说：“哭闹对家长来说是一个明确的信号：孩子需要关注，其实就是需要爱。而家长相信民间偏方只会有负面效果。”

卡尔·海因茨·布里施将某些家长的这种狠心做法追溯到自纳

粹时代就有的粗暴育儿方式。她说："那时的妈妈们人手一本约翰娜·哈雷尔的《德国母亲和她的第一个孩子》(德语：Die deutsche Mutter und ihr erstes Kind)，将其作为育儿指南。"指南里面写得很清楚：孩子裹好、喂过后，就要放回床上，一整晚都不可再进他的房间，否则孩子就会被宠坏。孩子哭闹也是好事，能增强他的肺活量。哈雷尔认为自己很懂，毕竟她是肺科专家。

甚至一直到20世纪70年代，不少女性在结婚时都会收到约翰娜·哈雷尔在纳粹时代出的这本指南作为礼物。1946年之后这本书改名为《母亲和她的第一个孩子》(德语：Die Mutter und ihr erstes Kind)再版，内容几乎没有做更正，又获得了很高的印量。这本书让一代代孩子在冷漠和缺乏关爱中成长。哈雷尔将自己的方法称为"冷处理"，直白到不加美化。

我们早就知道，这样孩子不仅不会学会睡觉，反而会变得失望、焦躁。布里施说："他们会很快打开脑中的紧急程序，类似动物在危急情况下装死求生的那种。"事实确实是孩子一旦哭过几晚又得不到回应，就会很快停止对亲密的寻求。但这并不是因为他现在就喜欢自己躺在床上，而是因为他的希望破灭了，我们必须看清这一点。这样会使孩子大脑发育不足，孩子也就学不会应对压力。

进化生物学家贾雷德·戴蒙德指出，在许多传统社会中，母亲会立刻去哄哭闹的孩子。[24] 抱孩子、持续的身体接触也比在德国寻常得多。原住民对待孩子通常更遵从本能，从长远来看这样也更健康，并不一定会被认为是溺爱孩子。

不管孩子的夜间哭闹作为"第三帝国"的传统流传开来，还扩散到了其他欧洲国家。西方国家的许多父母都非常担心宠坏孩子，但夜间对孩子不管不顾可完全不对应孩子的需求。巴伐利亚州的国家早期教育研究院院长法比耶娜·贝克尔-斯托尔说："小孩需要可靠的身体亲近来满足基本的心理需求，以消除压力。这样他们才能和父母，以及以后和别人，建立安全、相互信任的关系。"儿童发育专家弗洛里安·海嫩把重点说得很清楚："我们希望父母相信他们自己，而不是瞻前顾后。"

老师的批评

到底谁让谁痛苦，是学生让老师痛苦还是反过来，二者之间谁更像暴君、更折磨人，谁破坏、亵渎了对方的部分心灵和生活，思索起来无法不苦涩。

——赫尔曼·黑塞，《在轮下》

“你的作文有缺点也有优点。”老师傲慢地说，稍作停顿之后又继续道，“缺点在于开头不好，优点在于后面延续并发展了这种不好。”全班都笑了，大家都看向被点评作业的那位同学。老师的话乍听之下似乎是幽默和玩笑，因为一开始让人以为有好有坏，结果却都是批评，但这让那位同学在全班面前蒙羞，因为大家都以为后面会有一些好话。老师当着全班同学的面将某个学生的作文批得一无是处，这已超出了必要的批评范畴。老师利用自己的权力给出评判，却没有给出任何建设性意见。

可能在各行各业、在每家公司，都会有花样繁多的被领导调侃批评的事例像传说一样流传着，让人开心一笑的同时，也庆幸这话没落到自己头上。上文提到的那句无疑也属于这种值得质疑的“聪明话”，且一听就是出自严师之口。

无数大大小小类似形式的情感暴行都来自老师。其实无须当着全班的面批评某学生的作文，就是把他当成不好好做作业的典型，说些“如果你能考上大学，我就把扫帚吃了”“你也不用努力了，反正也没效果”之类贬低的话，也很打击人，伤害人的感情，既让人气愤又毫无必要。正如一个老师对他的学生乌尔里希说的：“提到你，我想到的只有：没有个性的人。”这个老师从两方面鄙视了他的学生：一方面，他炫耀了自己的知识，显得自己熟读罗伯特·穆齐尔的著作，因为穆齐尔的小说《没有个性的人》的主人公就叫乌尔里希，尽管他不能想当然地认为，一个高一学生肯定熟悉这个作家及其作品；另一方面，他把学生说成平庸、无趣的人，即“没有个性的人”，这本身已经很伤人了，他还把学生的名字当作嘲讽的工具。拿名字开玩笑显得很粗鄙，应被严格禁止，毕竟名字不是自己起的。

有时候老师根本意识不到自己的无心快语有问题，但它们对学生来说仍然可以造成巨大的伤害。比如某位老师在放暑假之前说：“你们就等着吧。”意思是许多学生会留级。这可不是鼓励和为师之道。

有些学生反而会被这些贬低的话激怒，愈加和老师作对。这种对老师的不尊敬对被贬低者来说倒可能有好处——不任由自己成为受害者，而是奋起反抗，并从中汲取更多的动力。从学生的角度来讲，也许他之前根本不在乎毕业和上大学，但老师也不应该全盘否定他的未来。

在家庭中也有变打击为动力的情况，足球运动员佩尔·默特萨克就讲述过这样的事。他15岁时患上了严重的“生长痛”，导致一年无法训练，他父亲对他说：“反正你也成不了事。”母亲却安慰他，让他先专心学习。默特萨克2018年接受《明镜》周刊采访时说：“可以说，‘反正你也成不了事’这句话反倒解放了我。”因为他一直承受着的压力突然消失了。

黑暗教育

> 因为这些外部原因引起的联想和感受，带领着年轻人走过这些年内心危险的阴暗面。年轻人必须得给自己找个意义，却又还没成熟到能真的有意义。……如果让这样的少年洞察到自己身上的可笑之处，他脚下的土地就会瓦解，或者他就会像一个步履蹒跚的梦游者一样，因眼前突然一片空白而重重跌倒。
>
> ——罗伯特·穆齐尔，《学生托乐思的迷惘》

罪魁祸首几乎总是家庭，千百年来，无数施加于孩子的暴行都发生在家中。在早已远去的旧时代，孩子没有权利，被家长打骂甚至当奴隶使用，可教育变成折磨也不仅仅是那时的事。我们依然可以一次又一次地体会到“黑暗教育”并未成为历史，真是不幸。许多家庭今天依然秉持着代代相传的“家法”来训诫、侮辱、伤害孩子。有时是赤裸裸的凶狠，令外人叹为观止；有时那些恶意很细微，需要多看一眼才能察觉。

比如一个母亲给有两个孩子的成年女儿的建议。像大多数孩子一样，这两个孩子一直做出一些成年人不喜欢的事：到处捣乱，在墙上乱涂乱画，大喊大叫——孩子本来就是这样。这位母亲实在受不了了，在某天对女儿说："他们要是不乖，你就两天别理他们。你就看着吧，肯定管用，保证他们会听话。"

她说的可不是什么陌生人，而是自己的孙子辈，自己女儿的孩子，是还在学龄前且和她特别亲的人。她建议用这种残忍的"不理不睬"作为方法也不是在1810年，而是在21世纪。可能这位外婆自己也曾遭受过同样的对待，从切身经验深深知道，父母对孩子的诉求突然不理不睬，暂时中断亲子关系是多么可怕。

许多家庭都养成了自己的情感暴力形式。其后果早已为人知晓：在充满爱意、肯定的亲子关系中长大的孩子，日后对抑郁症及其他心理疾病的抵抗力更强，面对压力也更有韧性。[25] 甚至他们的心律也更齐，这让他们成年以后更不易患上急性心肌梗死和其他心脏病。但在那些采用情感暴力的家庭环境中，重点不在于健康，而在于权力关系和威权仪式，那些家长也经常简单而残忍地将自己在童年必须忍受的养育模式套用到下一代身上。

如果家长很注意孩子的举动，为他们提供一个安全、受保护的环境，这也有利于孩子智力的发育。享有母亲关爱的孩子比母亲冷漠的孩子能更早、更好地懂得简单的关系。"如果孩子感觉有稳定的依靠，其语言能力、耐力、社交能力都更易得到发展。"在萨尔布吕肯大学研究母亲对孩子行为的心理学家吉扎·阿舍尔斯莱本说。

孩子似乎很早就能感受到我们语言及行为中的感情色彩。新生儿就已经能感觉出善意或恶意，别人对他们是激动还是平静，尽管他们还不会说话。加拿大约克大学的玛丽亚·雷格斯蒂说："这种意识从出生时就有，并通过关爱被加强，母亲对孩子需求的敏感尤其会让孩子学会交往、情感变丰富。”所以如果家庭的交流中断，孩子感受不到友好，就更加糟糕。

当然，这里也有灰色地带，完全忽视、冷漠的极端例子很少见，大部分家庭还是很和睦的，但要一直保持也不容易。这些家庭的孩子的长期发展会如何很难说，单是训斥的次数并没有决定性。就算不好的经历占多数，也可以用强大的抵抗力、足以安慰人心的朋友圈或其他机制弥补。

一位年逾不惑的女士在回忆自己的童年时说：“最可怕的就是一言不发。”当她不“乖”的时候（先不管这所谓的“乖”到底是什么意思），她的父母总是表现得好像不爱她了，以此作为惩罚。于是她立刻就会觉得是自己的错，感觉很痛苦。在家时，沉默像黑影一样一直压着她，就算是一些最显眼的问题，家人之间也不能提。

今天她回忆道：“有些话题我们就是不提。我们家和叔叔就因为一些可笑的争吵再也不见面了，我爸爸的另一个挺好的亲戚自杀了，这些事我们都绝口不提。”如果有人不小心踩到了这些“雷”，说到某个属于家庭禁忌的话题，就会迎来冷冰冰的凶恶目光，以及更多的沉默。

他可能会……

两兄弟都很清楚，爸爸随时会打他们。从身体上说他能办到，但更多是因为他的精神状态，他是一个暴躁易怒、喜欢动手的人。妈妈也明白，所以对丈夫说："你要是打孩子，我就离开你，我们分手。"孩子从五六岁起就听到妈妈这样威胁，无疑她也认为丈夫可能会打孩子。

现在已经49岁的两兄弟之一回忆道："我们知道他可能会打我们，一直活在那种想法中，认为随时可能会无缘无故被打。总觉得刚刚躲过一劫，下一次可能就惨了。"尽管实际上这位父亲从未打过儿子，但他一直是一个可怕的形象。家里长期存在一个危险，而且就像已被点燃、随时可能爆炸的炸弹一样无法预计。

或者对于这种家庭环境也可以做另一种积极得多的理解？毕竟无事发生。慕尼黑工业大学附属医院心身科主任、创伤专家马丁·扎克说："比起害怕发生的事情，实际发生的事情更有决定性。但在这个事例中，对暴力的担忧和预防还是发生了作用。"这是一个有趣且重要的思考：我们害怕发生的事情和实际经历的不好的事情，哪个对我们的心理健康有更严重的影响？

想想父母或其他亲人的哪些话特别伤人，直到今天依然能影响到你？这虽然令人痛苦，但也有帮助。稍微思考一下就会清楚得多，当然也不能少了自己作为父母不时对孩子说的话。不是每句坏话都凶狠伤人，并且经常也不是出于坏心，但俗话说好心也能办坏事。另外还有一点很重要和鼓舞人心：想一想我们对一些大大小小的恶意多么容易就释怀了，毕竟有许多伤口很快就会愈合。

家庭带来的打击

“真不知道以后你没了我可怎么办，你什么都干不成。”母亲在女儿青春期时一直这样对她说。这位妈妈明理、现代，熟悉教育之事，但现在，看着已经长大成人的女儿，她开始为过去自己的所作所为而自责。

一旦女儿遇到困难，无法安排好自己的生活和学业，甚至连保险都不会买，她就会自责：她是不是把女儿养成了只会依赖别人的人？她是不是夺走了女儿不靠别人、自己做事的自信？女儿时而觉得父母什么都要关心一下很烦，时而又很乐意接受他们的帮助。她的父母太过积极地帮助女儿，陪在女儿身边，就算也许早已不需要这样。结果孩子一直什么都不会做，直到成人多年以后也一样。尽管谁都不想这样，但因为妈妈一直认为女儿自己一个人不行，家里几代人对女儿也都是这么灌输的，结果女儿真成了她想的那个样子。

女儿要做的是尽快从家里独立出来，就算需要一些时间。她要友好但明确无疑地告诉父母，自己已准备好面对问题，同时也有能力解决问题。所有人一开始可能都不适应，但只有这样，她才能摆脱一直以来需要依赖别人的小女孩角色。如果她继续待在母亲的庇护下，她可能会活得很舒适，但会一直无法独立自主。

她的父母也应该认识到，可以更信任女儿，而不是马上插手帮她做许多事情，让她不必面对成人生活的要求。“她会做，她能做到，如果做不到也能从中学习。”应该这样想才对。只有这样，女儿才有机会成长为一个强大、自信的人。或者就像心理学家们说的：自信来自他人的信任。

父亲总是对两个女儿说：“如果是两个儿子就好了，两个小伙子，不是姑娘。”他说“姑娘”时带着一丝轻蔑。但他其实很喜欢自己的两个女儿，一辈子都为有这两个孩子感到幸福，尽管他不知道怎么表示出来，更不懂得用语言表达。正因为这样，两个女儿一直有别的感觉，觉得自己对爸爸来说首先是令他失望。

因此，尽管两人已经年届五十，但是还是没有摆脱自己不够好、自己是个错误的感觉。一路走来，从中学到大学再到职场，她们有了成功的人生，但那种自己有缺陷的恼人感觉一直都在，直到今天都在不停咬噬着她们。

其中一个女儿说：“我一直有一种感觉，要更强，要做到更多，要更努力。”尽管她已经实现了令人瞩目的职业成就，但她还是一直被过度的雄心驱动着，一大早就来到办公室，也是最后走的几个人之一。她申请公司内部的职位，不是因为兴趣，而是只要有一点点职业上升的可能就可以。

50岁的她承认道：“这真是可笑又不理性，但我只想让父亲喜欢我，尽管他已经去世很多年了。我还是一直有那种感觉——要证明我自己，让他看到我和男人一样行，和他一直想要的儿子一样。”为此她拼尽全力，工作到深夜，把自己的家庭推到忍耐的边缘，但还是觉得不够。如果她继续这样，真不知道什么时候才是个头。

应对之法

人不需要去迎合别人的期许，去过别人意想中的生活。伴侣关系中如此，亲子关系中亦然。在本例中，重点不在于谴责已经去世的父亲要求过分，而在于和他和解，甚至理解他为什么如此迫切地想要一个儿子，以致看不上女儿。

可能他对自己在少年及青年时期的发展并不满意，遗憾由于战争和半途辍学没能实现更多的成就，于是把未能实现的愿望投射到了两个女儿身上。但女儿过的是自己的人生，无须担负起父亲或虚或实的未竟之事。他现在已无法告诉她们这些，但若女儿能接受自我，看到自己已有的成就，也许他会无比高兴。

歉疚导火索

妈妈只要感觉应付不过来，声音就会变大，她会训斥不乖、不听话的孩子，但主要还是大声地自言自语，像念经一样，儿子女儿必须得听着。“我也可以为自己想想啊，享受享受，去度假，把钱扔到窗外去。”她特别生气的时候就会说这些话。

孩子们这时就会溜回自己的房间，但他们还是能听到妈妈的怒吼，毫无办法。为什么她不享受享受？为什么她不能去度假？孩子们一开始会有疑问。她为什么不为自己想想？她确实应该为自己想想啊，这是孩子们的第一个想法。

但很快就会有另一个非常可怕的意识出现：妈妈过得不好。她不享受生活，不为自己着想，那肯定是因为我们，因为她正在训我们。就算这些念头可能只是先进入孩子们的潜意识，他们还是会隐约觉得妈妈的不顺心是他们的责任。

孩子们以最近身的事来诠释他们的世界——以他们觉得最直接和他们接触的，以及听到、感觉到、经历过的事：妈妈不开心并且训斥他们，所以肯定是他们的错。不用对孩子明说，孩子自己就能感觉出来父母是什么态度，并自动联系到自己身上来，不管是好事还是坏事。这不是一个理性的做法，慢性自责的种子就这样被早早种下了。

“你很烦人”

“我总是感觉我招人烦。”这个年轻人说。现在他已经33岁了，回想起童年却觉得恐怖：“不管我们做什么，总归是做得不行，不是太吵、太多，就是太快、太少。”他说母亲负担过重又过度敏感，现在想想都有点儿同情她。他小时候正常地上楼梯，却被她批评声音太大。如果两个姐姐中有人从冰箱里拿了什么东西，母亲也会发怒，说那是她给自己留的。

他说：“最糟糕的是完全无法预计她下一次发脾气会是因为什么，总之我们做什么都是错的。”他的童年始终伴随着一种“自己在挡道”的感觉。今天他非常满意自己的生活，懂得了不麻烦别人也不庸人自扰是多么美好。不过他依然有疑问：“我真不明白，我妈当初怎么会要孩子。”

孩子在很小的时候就已经会自动产生这种自责和歉疚，毕竟父母是他们最重要的，经常也是仅有的依靠。如果做父母的抱怨生活不如意，买不起新车，无法按自己的心愿行事，孩子很快就会觉得这些不快乐都该归结到自己身上。

童年时期在家中当替罪羊、避雷针的人，可能以后很长时间里都会为此所累。每次发生冲突、争吵或者生气，他们都会归咎于自己，觉得一切都是自己的责任，都是自己的错。这种感觉几乎总伴随着对自己的强烈否定——默默坚信自己真的是一无是处、毫无价值。在争吵时，这些人会更快承认所谓的“错误”，并高估自己在导致坏心情、危机方面的作用。

他们反而觉得自己要维持家里、伴侣之间、职场中的良好氛围和关系。为了不被批评，他们会迅速揽下不受欢迎的任务，希望能让别人的心情更好一些。有这样的人当家人、同事当然非常令人愉快，但这样的人自己也得非常小心，不要永远只想着别人，为别人牺牲自己。

童年时期受伤害、侮辱、指责、强求的体验往往不会消失得那么快，可能上了岁数后它们依然存在，甚至可能伴随一生。如果它们很久没有被提起，自己与上述行为的实施者也不再有接触，这些体验可能会退居幕后。不过，它们还是会驻留在心中，就像看不见的烙印一样。

应对之法

如果早已习惯把罪责都归到自己身上，那想要改变确实需要一些训练。第一个办法就是问自己：为什么是我？这真的和我关系最大吗？要找到答案，用俯视角度总览全局会很有帮助：

项目没成功，团队没进步，这真的是我能决定的吗？在恋爱中我不是也做出了让步，并主动和对方说话了吗？我真的要默默背锅吗？每个锅我都要背吗？

在职场中，如果严肃的谈话马上就要来了，比如当团队的表现没有达到老板的预期时，先不要把一切都包揽在自己身上会很有治愈的效果。也许你会发现，指责并没有偏重在你身上。这个办法非常能让人放松，也能强化新的认识：问题不在于我，有时候是出在别人身上，我只是无辜的旁观者。

这项练习的目标当然不是从此以后把责任撇得一干二净，而是对自己在失败的项目、争吵中的作用有一个现实的判断，然后再根据情况承担必要的责任。

独裁的长影

独裁者尼古拉·齐奥塞斯库统治时期的罗马尼亚孤儿院就像一面放大镜，让我们清楚看到情感忽视的后果。自1960年起，他下令全面建造孤儿院，到1989年他倒台时有超过17万名的儿童生活在其中。发生在那里的事情残酷地表明，孩子是多么需要爱，没有爱，他们就会颓唐衰亡。独裁末期以及之后的几年里，这种骇人的做法逐渐为人所知，直到今天学者们依然在不断发现其造成长期伤害的新证据。[26]

孩子们在这些孤儿院中几乎得不到关爱，有些甚至被捆在床上，没有任何亲近的人，听不到一句好话。其中有许多孩子都死去了，因为他们比在家庭保护下成长起来的同龄人更易感染、患病。

在幸存下来的孩子中，许多都智力发育不足，有些人的情感生活极为有限，他们根本不会表达日常的想法和情感，不知道何为开心、悲伤或是生气——他们的感受是空的，因此没法表达。后来的研究也反映了这些缺陷：他们大脑中处理和表达感受的结构相比正常的同龄人更小，功能也退化了。

多年忽视造成的后果对医生来说也很难掌握。慕尼黑工业大学附属医院心身科主任彼得·亨宁森说：“心理方面，必须承认所谓的

‘住院（孤儿院）病’大增。这些孩子可能出现严重的举止问题，会经常以摇头、摆动上身等节律性动作来表达自己。”在世界范围内，这种卡斯帕–豪泽综合征的表现都会出现在被忽视的孤儿和其他情感缺失的病人身上。摆动是身体在痛苦地想让自己平静下来。

与他人的相处也会受到巨大影响。亨宁森说：“这样极其痛苦的与世隔绝可能会导致害怕与人接触和依附障碍，并常伴随语言能力及智力发育迟缓，另外与人交往的能力也会更晚才发展起来，可以说是一种自闭症。”

如果孩子在成长时没有得到稳定的关爱，以后不仅会面临严重的情感平衡障碍和与他人接触的困难，身体功能还会受到影响。可以肯定的是，被忽视的人更易患病，他们的免疫系统被削弱了，以致很普通的感染都会对他们很危险，对身体和精神压力的抵抗力也都降低了。亨宁森说：“人会因为缺乏关爱而死去。受害者在那些不见天日的地方遭遇的事情可以被形容为一种延迟谋杀。”

严重的忽视通常被认为会造成一种复杂的创伤，可导致人格障碍，伴有慢性恐惧、内心空虚、不可抑制的冲动行为甚至自残。感受在两个极端之间摇摆，受害者很少能找回情感的稳定。对别人尤其靠近者的不信任会长期伴随着他们。

哈佛的医生们指出，被忽视儿童的大脑发育会受限。[27]研究的主要作者玛格丽特·谢里登说：“童年时期的不良经历甚至敌对经历对大脑发育有负面影响。不仅对于在家中长大的孩子是如此，也关系到那些经历了虐待、冷漠、战乱、赤贫或其他严重负面体验的孩子。”研究人员研究了3组8至11岁的孩子，第一组在孤儿院长大，第二组在自己家中长大，第三组曾住在孤儿院，但已经被领养家庭接收至少6年。

大脑核磁共振检查表明，在孤儿院长大的孩子的大脑灰质比一直在自己家中成长的孩子明显更少。就算他们后来被领养，在关爱他们的领养家庭中生活了好几年，这种差别也不会消失。孤儿院的孩子的大脑白质相比在家中成长的孩子也较少。不过，被领养的孩子在大脑白质的发育上能追上来，至少从量上说，一段时间之后，他们的大脑白质就和一直在保护中成长的孩子一样多了。

灰质的不同体现在发育的特别敏感期，这时环境对大脑的影响很大。简单地说，灰质不仅与肌肉控制、触觉有关，也和感受处理、记忆、语言、视觉、听觉等有关。灰质是信息处理的中心，而白质负责将这些信息处理中心形成网络，并一直在建立新的连接，所以生长得比灰质慢，于是也能更好应对发育中的变化。

玛格丽特·谢里登说："白质似乎能在一定程度上赶上。"这解释了为什么相较于从来没在孤儿院待过的孩子，从孤儿院进入领养家庭的孩子在几年后就会有几乎同样多的此类神经网络。波士顿工作组的组长查尔斯·纳尔逊说："我们的研究表明，在生命头两年的某段时期被领养，对认知发育有特别积极的作用。孩子越早离开孤儿院进入关爱他们的领养家庭，长期结果越好。"

这项研究由罗马尼亚的医生协助进行，那里的状况确实已有改善。但根据联合国儿童基金会的估计，世界范围内仍有800万儿童生活在孤儿院。大部分都得不到精神及身体上的关爱。他们的社交和语言能力受到影响，经常出现行为问题。研究者也越来越认识到童年早期的情感匮乏给身体带来的后果。

就算在民主国家按最现代的标准设计的许多孤儿院中，直到20世纪60年代，出于过度的卫生要求和害怕传染，照顾者也被要求不可触碰孩子或和他们玩耍。一次，某家孤儿院暴发风疹，导致40%的孩子死亡，尽管他们已得到最好的医治。在孤儿院之外，这种传染病通常不会造成什么伤害，那时它的儿童致死率只有1%。

威斯康星大学的塞思·波拉克说："早期情感环境对健康有很长久的影响。"他的团队研究了155名青少年，其中约一半度过了没有创伤的幸福童年，免疫系统未受损害。[28] 34名曾受过身体虐待，在不稳定的情感环境中长大，他们对病毒、细菌及其他致病原的抵抗力明显更差，他们的身体需要对入侵者产生更多抗体才行，而且免疫系统的其他防御机制也被削弱。

医生们分析了研究对象的免疫系统如何应对单纯疱疹病毒1型。其中有超过三分之二的人携带这种可导致酸痛、喉咙痛的病毒而没有任何症状。只有在有压力、生病或免疫系统因其他原因被削弱时，病毒才被激活，症状才会显现。而童年时受过虐待的青少年不能很好地控制住疱疹病毒。威斯康星大学的克里斯托弗·科说："出生时免疫系统尚不健全，相关细胞已经有了，但怎么生长、调节，取决于成长过程。"

研究的另一个结果很让人吃惊。研究者研究了第三组青少年及刚成年者的免疫反应，他们最初在孤儿院生活过，但早已进入稳定的领养家庭。然而，他们的免疫系统被削弱程度几乎和受过虐待的青少年一样。波拉克说："这些孩子的童年很艰苦，但他们被爱、在情感上感到安全已超过10年。尽管如此，他们的身体还是处在压力之下，好像还在受虐待一样。”

有些伤害会持续一生。遭受过虐待、不幸或有其他创伤的人要和心理阴影战斗几十年。心理学家经常说“婴儿房里的幽灵”阴魂不散，指的主要就是对心理的长期影响。

波拉克担心，在未来孩子会越来越受到这样的影响，因为就算在许多民主、经济稳定的国家，贫富差距也在增大，而且经济压力和家庭压力总是最先影响最弱的人：孩子。

依附研究专家和心身科医生早就知道，童年早期的虐待、情感匮乏、极度严厉、经常性的家庭争吵会在日后导致更多的抑郁、焦虑及其他心理疾病。卡尔·海因茨·布里施说：“不稳定的依附是很大的风险因素。”最近有越来越多的研究揭示了其对健康造成的后果。麦吉尔大学的神经生物学家迈克尔·米尼说：“早期经历也决定着神经及激素反应，并影响一生。”

妈妈，够了！

已经成年的儿子去看望母亲，听到的第一个问题就是“什么，你这么快就要走了？”。妈妈不停诉说着自己的问题，他不知如何是好，只能说自己也没办法，她回道：“啊，我的烦恼你已经不关心了？”或者更直接：“你根本就不在乎我。”

父母的另一种情感胁迫是利用家族亲情，比如：“你不去看看克拉拉姨妈，她会很失望。”或者“你去养老院看看奶奶的话，她会非常开心。”这在英文中叫作“Emotional Blackmail”（情感勒索），软性但奏效地让人有歉疚感，即使是最纯良的孩子对此也会有压力。不断提出的要求要被满足才说明对方心里有这个家，这一行为的关键就是让人过意不去，从情感上胁迫他。

马丁·扎克说：“这就是人情关系的副作用。”他边说边无奈地笑笑，因为这其中的灰色地带很多。真的关心生病的奶奶和情感勒索有时只有一线之隔。“养育子女时，或者在伴侣关系、家庭关系中，很少完全没有发生过心理操纵和胁迫。”他认为最重要的是其背后的动机：“母亲特别需要和人亲近时不必归为病态。”

这些事情都是这样，是否造成胁迫的关键在于量、情形、抵抗力。亲近的人通常也会乐意单纯为了让对方高兴而做一些事情，但这首先是出于自愿、发自真心的一种赠予。如果利用孩子对父母、伴侣中一方对另一方的情感依赖来让对方屈服，那就成问题了。父母和孩子之间的关系通常不对称，孩子需要父母的照顾和关爱，甚至其生存也取决于父母。这种需求在成年以后也不会完全消失，已成年的孩子也想被看见、被喜欢。所以，利用孩子想亲近父母的愿望，威胁孩子如果不乖就不喜欢他，或者对听话的行为奖以过分的关爱，都是强烈的心理操纵。它们会破坏孩子的自由意志，妨碍他们成长为一个独立自主的人。尽管父母喜欢辩解说自己都是出于好意，但这种说法本身就影响极坏，也体现了某些父母的以自我为中心：他们首先想的不是孩子的快乐与痛苦，而是自己的意愿。

眼睛不离屏幕——当孩子及伴侣求关注而不得时

父母在养育孩子的过程中可能会犯很多错误，特别不好的一点是要求孩子做的事自己却做不到。向导不走自己指的路。这种态度会带来一种风险，即孩子无情地发现父母当不了榜样，从而不断陷入不信任中。

教育中的许多绊脚石都来自电子设备的使用。美国研究者最近指出了家长在家中一直看手机或平板电脑却不让孩子用这些会有什么后果。[29]爸爸刚刚下班回来，手机屏幕上就“嘀”的一声弹出一条消息，有一封新邮件需要马上回复。当然，这也就需要一小会儿，不用多久。但这经常在对孩子一直玩手机这一问题有分歧的家长之间造成矛盾。[30]

10岁的那个刚问能不能吃点儿东西，12岁的那个就抱怨弟弟不和他分享球星卡，8岁的那个又骄傲地要你看看他刚拼好的乐高。密歇根大学的儿科专家、主任研究员珍妮·拉德斯基说：“家长经常恨不得能分身——既要达到职场的要求，也不想忽略了朋友和家人。在做这一切的同时，还要给孩子做饭、辅导作业。”

要平衡好绝不是一件容易的事，而是一场时时刻刻都在进行的战斗。一方面想要在家多陪陪家人，一方面又离不开小小的技术手段，因为它让人能随时随地回应，不错过新的机会，达到所谓的要求。研究中被采访的家长都说自己有很大的心理负担，因为要同时应对大量信息、工作、孩子和社交，分身乏术。毕竟，正如一位妈妈所说，有了手机之类的电子帮手，“整个世界都在你身上”。

其他家长也说，移动通信和随时随地在线对他们的心情有负面影响。如果工作上有坏消息传来，他们就会很烦躁，目不转睛地盯着屏幕，这样孩子会更想要爸爸或妈妈的关注，而他们还在烦躁中，于是就会发怒或对着孩子吼叫。

这样的行为不可作为榜样。卡尔·海因茨·布里施说：“孩子看父母一直对着手机就会觉得：沟通就是这样，看手机是沟通的一部分。另外，因对方要看手机而不得不中断对话也不是什么好的体验。”

有时一家人围坐在桌边，却谁也不看谁，都在看手机，毫无交流。在外人看来这真是可笑的画面，让人忍不住想时不时拍一段下来。说是一家人却又彼此间隔绝。布里施说：“甚至饭店里的烛光晚餐也会出现这种情形，手机就在盘子旁边，只能希望他们至少是在给对方发消息。”

其他领域的研究人员也知道父母的榜样作用对于教育子女多么重要。最近的多项研究表明，只有在家长以身作则的时候，孩子才肯多吃蔬菜水果。如果家长不闯红灯，孩子也更可能养成正确的交通习惯。如果家长骑车时不戴头盔，只强辩说自己年轻时没养成戴头盔的习惯，那孩子骑自行车不愿戴头盔的难题也很难解决。

最严重的后果可能由手机或平板让家长完全分心导致。布里施说："不管是幼儿还是青少年，不管什么年龄，被忽视都会造成相当大的压力。孩子从一开始就能感受到交流中的极细微之处，就像超级解码器，很快就能发现家长因为分心而导致表情、姿势和语言对不上，或者回答有延迟。"亲近、有联系、有感情的眼神交流对身体和心理的发育都极为重要。如果交流太过匮乏，就可能导致身体疾病和精神疾病。

婴儿如果得不到家长的关注，就会分泌更多的肾上腺素和皮质醇。脉搏飞升，浑身不安，机体进入警戒状态。在一次实验中，婴儿观看妈妈面向他们的视频，但视频里的声音稍微滞后，结果孩子反应非常强烈，压力大到好像急需帮助。

布里施说："你得把它想象成一部声画极其不同步的电影。一旦语言跟上了动作，孩子就会平静下来。"类似的反应每天都可以在公交车上或地铁里看到：家长推着婴儿车上来后，马上就开始看手机。孩子很快挣扎着想引起爸爸或妈妈的注意，故意动来动去，尽一切可能让自己被注意到，寻找眼神接触。但过了一会儿他们就会停下，进入一种麻木的状态。

儿科专家拉德斯基说："没有人期待父母把100%的时间都用在孩子身上，一定的独立性对孩子的发育也很重要。但大家花一点儿时间都不要看手机对孩子的发育和亲子关系也极有帮助，不管是在吃饭时、下班刚到家还是晚饭后。"另外，还可以将电子设备的使用限制在特定房间内，比如客厅和孩子房间里不允许使用手机，不让手机成为不离身的伙伴。

不仅对家长，对没有孩子的人来说，用适当的应用程序了解自己用手机花了多长时间、到底干了些什么也有清醒头脑的作用，并经常会让自己大吃一惊。用大量业余时间回复工作邮件或上Facebook的人也许应该从根本上改改日常生活，主动暂停一会儿，远离电子设备。

另外，知道在手机上做什么事最消耗精力对家长也有帮助，如果最烦的是回复工作邮件，那就在孩子们在别处时再读，这样就可以安心回消息，而不是打破亲子时光，还可能把气撒在孩子身上。

一辈子的坚强——父爱是多么重要

男主外女主内，男人只需要挣钱养家，不用太多参与养育孩子。虽然生孩子也需要男人，但至少在孩子刚生下来的几周内他旁观就行，不可能像妈妈那般与孩子亲近；妈妈要分娩、哺乳、抱孩子，自然与孩子更为亲近。这些都是民间的错误观念，却直到今天依然流传广泛。

就算是研究人员在研究早期依附关系的意义时，也经常只关注母亲和孩子之间的关系。对此，英国的儿科专家提醒不应低估父亲的重要性。[31] 牛津大学的查尔斯·奥潘多说："在生命的最初几年里，父亲在情感上是否参与、如何参与，对孩子童年及青春期的行为有非常大的影响。"他研究了超过6000名的儿童，看父亲对他们后来的发展有何作用。

研究表明，如果父亲当得好，关爱孩子，承担起抚育孩子的责任，孩子在9至11岁时情感上会更稳定，更少出现行为异常。他们的心理问题和社交困难发生率相比父亲缺位的孩子要低14%。

卡尔·海因茨·布里施说："负责任、关心孩子、与孩子有情感联系的父亲可以说是千金不换。父亲对待孩子的方式与母亲不太一样，玩得不一样，照顾方法不一样，敏感的地方也不一样。这种差异对男孩、女孩都很重要。”

两个月大的婴儿就已经能体会到这种差异。孩子看到是父亲帮他们换尿布，动得都不一样。相比孩子习惯的母亲的动作，父亲的动作更重，但也更敏感。重要的不是孰好孰坏，而是不一样。

布里施说：“如果和父母双方都交流感觉和体验，男孩女孩都更容易发展出健康的自我意识。男孩向父亲学习竞争和活动经验，并意识到冲突可以通过游戏和运动来解决，坐下来谈话有时对他们比较难。”这也解释了为什么许多男性难以在餐桌边坐下来好好聊聊人际关系或者其他任何问题，而如果在骑车、散步、运动时聊就好得多。

同样，女孩在父亲和她们打闹、爬树、尽情疯玩时也很开心。这向她们表明：女孩也可以强壮、大声、狂野。布里施还说：“不然她们要怎么知道男人是什么样？”研究者越来越认识到与男性打交道和来自父亲的认可对孩子是多么重要。在孩子被母亲、老师等女性包围的童年中，男性应表现出自己所能做的。所以，如果法官依然对父母角色持老旧观念，认为父亲没那么重要，让孩子和母亲过通常对孩子最好，就愈加让人费解了。

增强自信

辛辛那提大学的基思·金说："家长总是问我们他们能做什么、应该怎么做才对。他们寻求养育子女方面的指导和建议。其实很简单，就是一直对孩子说，你很为他们骄傲，他们做了很棒的事。多关心他们，了解他们，辅导他们做作业。"

尽管如此重要，但这种理所当然的肯定并不是所有孩子都能得到的。金和他的同事丽贝卡·维杜雷克的一项大型调研得出了这样的结论。这两位教育研究者和预防专家向几万名美国年轻人询问了他们的童年，并分析了相关数据。研究表明，如果感觉没有得到家长的足够肯定，就更易抑郁，自杀倾向更严重。[32] 有理由相信，这些结论也适用于西方世界的其他地区。

正如研究者们在一次学术会议上着重指出的，童年早期的依附有重大意义。而且，在12岁到17之间感觉被肯定、有依靠也非常重要。"可惜并不是所有家长都清楚这一点，这是一个巨大的问题。"金说道。

12至13岁年龄组似乎特别敏感。如果他们几乎从来听不到家长夸他们做事做得好，为他们骄傲，也没有家长在他们身边支持他们，根据研究，他们产生自杀想法的频率是正常情况的5倍，真的付诸自杀行动的频率更是达到7倍。维杜雷克说："关键在于孩子要感觉到和家长、家庭有正面的情感关联。"

随着青春期的发展，自杀行为有所回落。16至17岁组中，如果感觉不到家长的肯定，产生自杀想法及行为的可能性"只有"3到4倍。不过，这也可能是因为年龄稍大的青少年已经发展出了一些策略来应对父母关爱的缺失。

这并不令人安心，因为这些青少年可能更早、更经常吸毒或进行危险的性接触，这是金所担忧的。他说："不管什么性别、阶层、种族，情感缺失的结果都一样，而且体现在方方面面。"

内容要点

- 孩子在身体和心理上都需要亲近、关爱和稳定的依附。没有爱和关注，他们不仅会在精神上不稳定，也会易患多种疾病。
- 孩子睡不着时任其哭闹、不理会或迟些再理会这样的育儿传统毫无道理。这会让幼儿非常沮丧，承受太大的压力。没有理由担心会宠坏孩子，因为孩子在生命的最初几个月需要特别多的关爱。
- 如果家长心情不好，孩子很快就会觉得是自己的责任。如果爸爸妈妈责怪自己或伤心，孩子会认为是自己的错。如果一直都把气撒在孩子身上，日后他们会把周围许多的不顺都归为自己的责任。
- 家长或老师的批评可能会阻碍孩子的发展，对他们造成心理伤害。情感暴力有多种表现方式，孩子有时是被忽视，有时是被打击，不过有时也能从严厉的批评中得到力量。
- 人人都需要被关注，孩子尤其如此。如果孩子引不起家长的什么情感，他们首先会极力寻求注意，无果的话就会陷入麻木的心理状态。无时无刻不在的手机、平板电脑等让人越来越难得到对方的足够关注。

Emotionale Gewalt

第六章

那真的是爱吗？——日常生活中的伴侣矛盾

许多相伴多年的伴侣在找对方麻烦方面都已经发展出各自的“坏招”，而且都很管用。“你干了什么？”“我没干什么。”“不可能，你肯定干了什么。”“明天我就宰了她。”婚姻家庭伦理剧几乎都是这个套路。漫画家洛里奥将这个场景画得如此生动贴切，这大概也概括出许多伴侣关系的苦楚。

被动攻击

有许多方法可使伴侣无可避免地走向绝望。瑞士的夫妻关系咨询师韦雷娜·卡斯特将人们很喜欢用的“阳奉阴违”归为“被动攻击”。

这种对话在许多伴侣的日常生活中早已屡见不鲜：她不停地说，他时不时点点头或嗯一声表示同意，但实际上什么也没听进去。若她问起具体细节，他通常什么也答不出，只能缴械投降：“你刚才说什么？”（尽管一般印象都是女的说男的听，但自然也可以反过来：他一直对她说，她时不时嗯一声……）

在对话时一直打哈欠，公开表示对对方不感兴趣，这是一种常见的行为，也属于情感冷漠的招数。伴侣身在心不在。“你从来不听我说话！”“你现在一点儿也不关心我了。”对方通常会受到这样的指责，但至少在那个时刻确实如此。

不过，属于“被动攻击”和持续情感压迫的也不只是心不在焉的应答，还有一直不停的询问，韦雷娜·卡斯特贴切地称之为“检查式问话”——不停地问对方之前提到过的或交代给他的事情做完了没有，比如：“你做完什么什么了吗？”“要不你把什么什么做了吧。”“你还要多久才能把什么什么做了啊。”真的是要心如止水才能不因这种三番五次的“检查”生气、发火。

在这种情况下，完全心不在焉，对每个问题都只说“我不知道”，或者不停打哈欠，作为一种防御反应可能也非常能理解了。双方都舒适地待在自己的行为习惯中：一方指责和批评，另一方神游天外。外人看到这种伴侣都知道，两人肯定在一起很久了，但貌合神离。

伴侣关系中的恐怖日常

苏格拉底的妻子名叫赞西佩，非常彪悍，以至直到今天她的名字依然是“泼妇”的代名词。某天，她又特别生自己丈夫的气，不仅像以往那样咒骂不停，还把夜壶倒在他身上。但苏格拉底受到如此对待并不生气，只是坦然地说：“你们看，我的妻子打雷之后也会下雨！”古希腊先哲的这句妙语似乎非常独到，但也明显编得天马行空。

然而，那些争当“赞西佩”的人愿意相信此事。传说赞西佩还做了其他许多恶劣的事——足够灭掉古希腊的一整座城邦。苏格拉底的老婆被塑造成了悍妻的形象，她是家中的霸王，让丈夫生不如死。据说，她对他的行为从不满意，总要挑刺、批评，他完全不能指望得到友善和肯定。

但苏格拉底似乎不仅坦然接受了这样的命运，像之后的许多代男人一样甘心认命（但他选择退到大街上，而不是酒馆或自己的爱好小天地），还将有一位悍妻视作一种挑战。毕竟，他想以此训练自己对别人更有耐心，更能理解他们，弄清他们的思路：家有悍妻等于哲学教育。

按尼采的说法，苏格拉底甚至要感谢老婆总是找他麻烦，因为正是她的凶悍和暴戾把苏格拉底赶到了街头巷尾，让他可以谈天说地、游手好闲，把他锻炼成雅典最伟大的街头辩论家。在家里待不下去，只好逃到公开辩论中，对优秀的哲学家来说可能也不是件坏事。

直到今天，婚姻中依然有这种现象：丈夫妻子互不相让，想改变对方，让对方变得更好。她什么都做不好，他总能挑出她的毛病。两性关系中的“赞西佩”，不管是男方还是女方，总是看不惯对方的穿衣、举止、对别人的态度。他们认为自己给出“建议”都只是为对方好，如果完全不在乎那才更糟糕呢——没有那么多怨言、那么多不满，但也成了冷漠的征兆。听起来挺有道理，但实际上大部分人可能还是希望多感受到一点儿善意。

沉默暴力

这对夫妻已经在一起13年了，两人一起经历、创造、完成了许多，有两个女儿，一个7岁，一个9岁。这个家早就习惯了租住在城里，但现在他们想要一套自己的房子，远离城区。梦想中的田园小屋终于要成为现实。他们找到了一处偏僻的空地，他们一直想住在这样一个渐渐建起来的村子里。反正她是自由职业者，他大部分时候也可以在家办公，不必每天都去汉堡市区。而且他们也负担得起建房子的费用和贷款，一切似乎都越来越美好。

搬家公司联系好了，新家的家具送过去了，旧家也交接完了，万事俱备。但就在搬家前几天，她忽然不愿意了，不是暂时不乐意，是永远都不想搬过去。他简单又失望地对朋友们说："卡琳不来了，她改主意了。"

卡琳解释了她的突然变卦："这么多年了，我终于要做我自己想做的事。以前什么都是托马斯决定，什么都听他的，按他的想法办。"卡琳说没有别的原因，她没有爱上别的男人，也没有要去环游世界，更没有想投身修道院，而只是想按自己的想法活一回。"做我自己想做的。"她不断重复这句话。看来不再听命于丈夫的计划和想法就是她的动机。最后，他搬去了乡下的房子，她留在了城里。

知人知面不知心

这个男人已三十大几，在朋友圈子里颇受欢迎。他有想法，有智慧，学识广博，也乐于交流。晚上和一大群朋友坐在一起喝啤酒畅快谈笑时，他幽默又有魅力。他对待女士彬彬有礼，十分体贴。

但只要他那长期伴侣在场，他就会变得非常可怕。他说自己不仅喜欢她，更是爱她，但感觉上可不是这样。如果他觉得她讲事情讲得太慢，或表达不清楚，就会直接打断她，堵住她的嘴。她的看法他都觉得“无聊”，不管她说什么做什么，他几乎都要当着别人的面批评。他看她的眼神中带着鄙夷，有时甚至充满敌意，好像把她当成“小蠢货”一样。这样的聚会通常都不欢而散，大家总想护着那个姑娘，阻止这位朋友的伤害行为。

听了这个搬家失败的故事，韦雷娜·卡斯特将其中妻子的行为描述为“极端的无声攻击”。她说：“她用了一种不能再明显的方式来表达她的不满：向他郑重表明，自己已经受够了和他在一起的生活。”

韦雷娜·卡斯特尤其关注卡琳给丈夫带来的长期伤害，以及她的决定的打击性：“毕竟那套房子会长期带来一种压力，永远和分手、共同迁居不成功联系在一起。”这个阴影会一直笼罩着丈夫迁新居的喜悦，只要丈夫还住在那里，还是在周末接孩子过去。

乍看之下，当然是卡琳对丈夫实施了巨大的情感暴力。她以极大的力量打了他个措手不及。之前到底发生了什么事情让她反应如此激烈？她说，感觉许多年都在被强迫，没有依靠。可能是她一直感觉自己太不受重视，给她造成了她的需求完全未被满足的印象。但她不能把这都怪罪到他一个人身上。她应该早早说清楚自己想要什么、看重什么，而不是到最后关头给出暴烈一击。

“她在床上真是颗炸弹！”

再来看一个案例：这场婚姻已经经历了许多风风雨雨。他曾对她展开激烈追求，跟到天涯海角只为求得芳心；她突然放下一切，只为和他在一起。之后就是在国外共同度过的许多美好岁月！就像一场精彩的电影，感人肺腑。这些经历都足够写好几部偶像剧了。

他们在一起已经18年了，家庭美满，两个孩子都上了高中，平时表现都很好，还擅长运动，在学校也很少有什么问题。尽管也有不顺，但夫妻俩总体过得不错，生活舒适，有自己的房子，邻里和睦，逢年过节经常一起吃饭聚会。工作也不错。周末把不要的东西送去回收站。有三五好友，时不时还能度个假。就是常见的市郊生活。还需要什么？

终于有一天，砰！他告诉她一切都结束了，终止了。按她的话说，就像一道晴天霹雳。他厌倦了这段关系，而且还出轨了。短暂的沉默。她震惊到无言以对。他又接着说，还不止一次，他一直不停有外遇，大概有十多次。他说起那些女人的名字，那些陌生的城市，那些千篇一律的酒店房间。接着他又说起姿势之类的，说起他对那些女人做的事和那些女人对他做的事。

应对之法：争吵，但要正确地争吵

通常认为争吵对一段关系来说是不好的信号，但这种认识是错误的，因为你一句我一句地争论正说明对对方还在意，而且标志着这段关系还是“活的”，对对方不会无所谓。如果伴侣对之前肯定会介意的事情突然不在乎了，那才真正是警钟响起。争吵好过对什么都无所谓。

不过，争吵的方式对伴侣双方的身心健康很重要。一吵架就贬低对方、打击对方、扩大范围（比如“你什么都记不住，永远都是这样”“你说话总和你妈一样”“你从来不听我的”），很可能会持续性地伤害到对方。表现出对对方的认可和肯定，并明确表示当下的争吵对事不对人，会更有帮助。

争吵变成咒骂相较于心平气和的友好讨论，会让有害的应激激素更久地存在于体内。伤口的愈合也会受影响，会疼得更久。

他向她详细讲述着每一次外遇，包括那些女的叫什么、和她们做爱多么有激情。任何朋友听他这样吹嘘，都会说：“行了行了，我也不想知道那么多。”好像出轨还不够伤人似的，他讲每一段的时候都还要加上那些女的在床上有多厉害。“她在床上真是颗炸弹。”说起某段外遇时他这样说。

不加掩饰的诉说对他来说似乎还不够。就像对待一个巫毒娃娃一样，他不停用新的针和毒刺扎他的妻子。他是有多么恨她，才会这样绘声绘色地描述着酒店房间里的幽会、拥抱以及那些杂技一般的性爱。她应该感受到了这一点。

他周围的人都说他不是个坏人，但现在他显然是要报复她。这不仅是因为他恨她，也因为他恨自己，恨所有那些错过的机会和日复一日的平庸，它们就像一群蛀虫一样啃噬着他们业已破败的婚姻。最重要的是，他后悔没有和妻子说清楚，他还想要别的东西，他还有别的需求和愿望，而他们的婚姻完全给不了他这些。

所以，在他出轨的背后，其实是他对自己的愤怒，而不是对他妻子的。求而不得的生活、心里的烦恼，加上没有说出口的勇气，让他走出了这极端的一步。当将那些情人的名字一个接一个说出时，他就好像是一点一点地获得了自由。

他们分开了，又是一场大戏，大吼大叫，遍地狼藉。几个月后，两人竟然重归于好，这让她所有的女性朋友都大跌眼镜。两个人都反省了一番，发现自己是多么思念对方，对方对自己是多么重要，尽管发生了这些事。很快，他们又搬回到一起，并力求好好过下去——比如要尽早说出个人的想法、需求、缺少什么东西。

尽管他对她造成了极大的伤害，但两个人还是破镜重圆了。发生的情感暴力很严重，但他们感觉到自己有多么在乎对方，因此对那些发过的怒和伤人的话终会释怀。关系变得更亲密，这比造成的伤害更有意义。她也明显认识到，他曾对她、对自己怒不可遏，但还是一直爱着她。

证明你爱我

“证明你爱我！”可能没什么要求比这个更能给一段关系带来压力了。如果意图只是性爱，而这种性爱也只是对自卑的抵抗，或是为了克服关系中的不安，它既不能稳定这段关系，也不会特别令人满意。

伦敦鲍尔比中心的心理医生凯特·怀特清醒地说：“忧郁的性爱其实很常见。”她指的是让两人都感觉身体的亲近很无趣、孤独的那种悲伤的共处。所以她对如何维持长久关系的建议是与其为做爱而做爱、做无聊的爱，不如少做点儿爱。

科学提醒我们，与伴侣在一起多年还一直想要做爱的人，对自己不太确信，总是需确认这段关系还在维持着。他不相信这段关系的紧密，或者不再能感受到亲密，于是试图通过肢体亲近来弥补缺失。这能迅速产生信任感，但长期来看行不通。

而且这还会在关系中造成一种不平衡，一种对对方的依赖。如果一方一直依赖对方的关爱，那另一方就获得了力量，可以故意不给予关爱，或者在应该给予很大关爱的时候只给一点点。以这种方式来操纵伴侣可不会让人走向一段平等的关系。施舍给对方一点点爱意也不是稳定伴侣关系的标志。

有些心理医生甚至说："长久的安全感和频繁的性爱互斥。"经过很长一段时间后，大家太了解彼此，于是就很难给对方惊喜。所以从科学的角度完全可以理解，长期伴侣不再追求激情，而是追求成熟的爱，追求关系中的新阶段，也就是说性爱没那么重要了。这代表着他们来到了关系特别稳定的一个阶段，或者代表他们离分手不远了。[33]

如果两人在一起超过5年，通常难舍难分的激情阶段已经过去了。如果在一起10年或15年了还十分经常地做爱，那要不就属于少数特例，要不就是这段关系在情感上非常不稳定，就像过山车，忽高忽低，一直需要证据来证明两人还互相喜欢。一段真正幸福的关系可能不是这个样子。

卡尔·海因茨·布里施说："性行为模式、维持关系的方式、相应的愿望都反映着童年早期依附体验。"与父母依附不稳定、害怕被抛弃的人，日后会更依赖伴侣，会一直担心做错什么事情而失去对方。害怕自己不够格，不配拥有对方的爱的这种感觉会一直啃噬着他。

总是觉得要取悦对方对这段关系和自己的心理都很不好。所以焦虑、自我怀疑的女性更经常更换性伴侣，而自信的人更少搞暧昧，他们的首次性行为也发生在比较大的年龄。情感稳定的人不用一直向自己证明，自己值得被喜欢、被渴求、被爱。生活在稳稳幸福中的人从那种美满的感觉中也能体会到这一点。

内容要点

- 恋爱的人通常有自己的分手方式，小至说上几句，大至破口大骂，一切都有可能。如果破坏性部分占主导，最突出的不是一时怒气而是有意伤害，那就构成了情感暴力。
- 用性爱来修补破损的关系没什么帮助。如果在一起已经很多年，和对方上床越来越少也很正常。最初的狂野激情会转变成深刻的理解和熟悉（希望如此），而把性当作爱的证明只会留下更大的空虚感和失望。
- 恋爱关系通常不对称。如果双方都了解对方的需求，那就没问题；但如果一方的弱点或依赖性被对方利用，就可能导致长期的情感虐待。
- 伴侣关系或家庭中的争吵本身并不是坏事。相反，如果对对方的个性特征无所谓，那才会亮起红灯。但正确的争吵需要学习：建设性的吵架能把事情搞清楚，通常还能帮着找出解决办法；破坏性的吵架则会伤人伤己，让人生病。

Emotionale Gewalt

第七章

职场中的贬低

病人因失眠和烦躁来求医。他在美国一家大公司担任管理职务许多年，觉得自己在各方面都很有分量。现已54岁的他，按他的说法，前不久不幸被公司“优化”了。最近几年，他都没怎么注意自己和自己的身体，尽管他曾经是一个热爱运动的人，身材匀称、体格强健，但现在的他超重，甚至可以说是肥胖，还总是感觉焦躁、紧张。公司对他也很无情。他很受伤，却找不到地方诉说。

这些事对他来说都是新的，之前他习惯了当一个成功人士，一切顺风顺水。毕业后找到第一份工作之后，职场之路就是一直上升的。这个人一辈子都只关注成功，他出身的家庭也是只讲表现，不谈感情，所以他受到的批评一直多于表扬。医生觉得很棘手：是应该更贴近一些还是保持一定距离？哪个会有帮助？不能批评他，但他在治疗中有进步的时候也不能表扬得太过，另外还得注意他的自恋心理。

病人在这种困难的情况下需要一次他能完全归功于自己的成功——没有别人为他出谋划策，尽管他可能也不会接受别人的建议。他可能并没有意识到解雇背后的情感暴力，但心理治疗还是提供了一种支持，让他重建对自己行为能力的自信。所以能按照他的需求回应他的医生或治疗师才是他在情感上的救赎，而在这个例子中，要做的就是保持足够的距离。这样才有希望让他以新的积极体验去消除职业上的失落。

被领导示众

这种做法被一次又一次地践行，仿佛成了一种仪式。所有遭受过这种对待的员工都很害怕它，尤其是一想到当着那么多人面还要知道怎么说话。比如，在大众汽车公司，如果出了什么岔子，主要负责员工就要向上级汇报，在最高层面前解释并回答问题，大众的总裁马丁·温特科恩也在场。

站在“受审席”上，他们要为自己辩护，解释为什么事情未能按计划进行。他们就像被问话的笨学生一样站在那里，身处一个需要完全服从、权力完全倒向单方、很容易演变成侮辱的情形里。

早在大众尾气丑闻爆发并越闹越大之前，其在沃尔夫斯堡就已经有类似的“审判所”，多位员工都曾提及。被问话的人先在一个房间外等着被叫到，进去后会看到桌上放着有缺陷的发动机或排气系统零部件，或是别的什么需要解释的技术细节。工程师和技术人员被直接质问为什么会出现失误，不管是已经发生的还是可能发生的，都要为此做出解释。为什么没有成功？怎么会出现这样那样的事？是怎么想的？被质问的这些担任中高层管理职位的高薪工程师，被针对、被训斥、被贬低，要解释他们通常解释不了的事情，有时甚至是不直接参与的事情。

政府里的火焰洗礼

传奇的美国国务卿亨利·基辛格在任时，新任用了一名员工。一开始，基辛格给了他很长的时间准备，他特别努力，可交上去的文件却换来了一句："这就是你在学校里学到的吗？"他认真地通篇修改，却还是听到基辛格说："你不能做得更好吗？"于是他通宵写第三稿。这次基辛格把他叫去问："这真的是你能做到的最高水平吗？"年轻人再也受不了，大声回答道："对，去他的，再好我做不到。"这时基辛格满意地说："好，那我现在来看看……"

现在回看，这件逸事似乎挺好玩，对那名员工也没什么害处，因为最后这个人成了基辛格最亲近的员工并维持了很长时间。上面这种测试使他的耐心和能力都经受了考验。但这背后还是有颐指气使和情感贬低，这在20世纪五六十年代的权力结构中非常典型，希望以后不会再有。基辛格不仅明确表示他说了算，让你返工你就得返工，还用问题暗示你准备得远远不足，尽管他其实根本就没有看。另外，他还摆起了专制君主的作风，要臣子三易其稿。

想象一下：身为外科主任，却要在病理部向院长解释病人的脚为什么会坏死，若回答不出，就会从主任医生变成罪人；警察要在被抢劫的珠宝店里当场说明调查策略；采购者要解释怎么会买到伪劣商品。

在所有这些例子中，重点都是要在出问题时展示出内部的上下级关系：谁能命令谁？这里要被巩固的是旧式的权力金字塔，每个人都知道其典型话术：“下级服从上级。”“这里谁是头儿？”“总要有人承担罪过，至于是谁来承担，我说了算。”“问你话，你再回答。”或严格等级制度下的任何动听话语。

在大众，员工有时会哭着离开那该死的“审判所”，整个人都被打垮了。那显然不是同事之间的平等对谈——相关人员聊一聊为什么出了岔子、怎么会出差错。若是这样倒说不定能早点儿说清楚，甚至避免尾气丑闻。上述的做法其实是要找人背锅，让他们觉得是自己的错。简而言之，公司里到底谁重要被此举展示得一清二楚。

变态领导的“黑暗三角人格”

备受压迫、任务繁重、只能服从的小员工至少能这样安慰自己：尽管薪酬没上级高，干的活儿不比上级少，还得随时服务上级，但至少可以在道德上自我感觉高尚。领导是有钱有权，但也经常人品欠佳。

在员工中没有什么传说比“变态老板”更流行。心理学家曾说，适度的不计后果、自恋等品质可能有助于取得管理岗位，尤其是在金融市场，于是富人和成功人士就开始以性格不好为傲。从20世纪80年代起，汤姆·沃尔夫的《名利之火》（德语：Fegefeuer der Eitelkeiten）、迈克尔·刘易斯的《老千的骗局》等书塑造了贪婪、无耻的银行家形象，他们可以踩着别人的尸体前进，为成交，甚至连自己的祖母都可以出卖。

万分期待的新工作

对想法传统的人而言，握手即代表说定了，这是很好的习俗，所以踌躇满志的他已经从莱茵兰搬到了汉堡，还带着妻子和两个孩子。两个小家伙已经入读了新学校，原来的房子也早就退租了。下个月他终于要开始新工作了，老板答应给他一个管理岗位。

然后入职的事就被一再推迟，先是推迟4周，然后是3个月，最终无限期推迟。他打电话给未来的老板，可是老板不接，发邮件也不回，之前两人称兄道弟，现在连面都见不上。他慢慢明白这份工作怕是黄了。某天，他收到人力资源部发来的一条消息，措辞生硬，表示由于公司的经济状况不佳，暂时不会再雇用新员工。

他感觉自己像个傻小子，问个不停招人烦，这个原来浑身散发着自信的人变得多疑、焦虑，一直问自己哪里做错了。但这其实不是他的原因，是公司紧急暂停招聘，让他抓瞎。8个月后，他终于找到了另一份工作，又得搬家，这次全家等到他签完合同才换了住的地方。

有些领导之所以能升职，其实是因为他们看上去很强硬，很能表现自己，但这并不会让他们更加成功。丹佛大学和加州大学伯克利分校的社会心理学家甚至指出，对冲基金经理如果表现出上述不良性格特征，其成绩会更糟。[34]“黑暗三角人格”，也就是马基雅弗利主义、极度自恋、为达目的不择手段这种“有毒”的组合，可能会让职业之路上的某几步走得更顺一点儿，但并不一定会带来优秀的表现。

研究人员为101位对冲基金经理建立了个性档案，分析了他们从2005年到2015年的投资、收益和风险行为。有变态人格倾向的投资者比宽和者少1%的收益。虽然这个差距看似不大，但日积月累，再加上对冲基金经理交易的金额巨大，结果会是很大的一笔钱。另一个发现是，在金融投资者中，相比心理健康的人，拥有变态人格的人为获得同样的收益会冒更大的风险。

研究带头人、丹佛大学的利安娜·坦恩·布林克说：“我们一直以为，大胆冒进、冷酷无情对投资银行家来说是优点，也许我们该好好想想这是不是一种偏见。这些性格品质不仅不会加强表现，还会影响表现。”与一般想象的不同，接受调查的基金经理中惊人地只有很少几个主要表现出性格的阴暗面。

更早的研究表明，在政客中也不是那些自私而冷血的更成功。带有变态人格倾向的政客在议会对提案投票时获得的支持更少，在竞选中获得的外部帮助也更少。

对于公司职员来说，自己能提出要求，领导能听进去意见，从而推动事情进展，是一件好事，这对公司也有好处。不管是从经济角度还是从心理角度来看，合作良好、有建设性的工作氛围都比高压、等级森严的氛围能带来多得多的益处。这些认识对政治甚至下一届选举都很重要。“我们选政治领袖或大型机构的领导人时，不应该追逐那些夸夸其谈而又冷酷的人，不应该认为这是有魄力的表现。”研究者们如是说。

这个女职员非常气愤，感觉自己被排挤了。她受到了大规模的攻击，她的部门里也有一些变化，让她未来的工作很难开展。另外，最近一次提拔也没有她的份，并且没有给出任何解释，尽管她早就该晋升了。她要求和老板谈谈，而他的反应却让她很吃惊。“我现在没兴趣谈这个。”他就这么直截了当地说道。

可这不是他有没有兴趣的问题，直面人事问题并找出解决方案是他作为领导的职责之一。他这种行为非常不专业，几乎可以算对员工的一记耳光。她应该迅速认识到这不是她的问题，而是她的上级不称职。

以上例子比较极端，更常见的是领导以没时间为由不和你谈话。如果这再三发生，怎么约都约不到，拖上几周甚至几个月，那员工的权利就在相当长一段时间内没有得到保障。某个时刻，他会觉得自己不被公司需要或者至少对公司不重要。很不幸，这类排斥和忽视十分常见，可以算作被动式情感暴力。

我们不会给出原因

51岁的他真的很有魅力，没有人不喜欢他。他在一家大型跨国汽车企业领导着一个大工作组，为人亲切、友善，而且讲话风趣幽默。这样的人会让人想在下班后和他一起喝一杯，也乐于和他共事。

他本身有终身职位，但公司学习美国的做法，时不时会把整个部门关掉或者转移到海外，所以他也在看机会。毕竟他有家庭，不想突然被解约或因为本地分公司被裁而“自愿”走人或远赴英美。

他向国内一家大公司求职，收到了很好的反馈，看来有戏，和团队领导面试了几次也十分顺利，沟通顺畅，在工作内容、目标、职责上也都达成了一致，公司也认为，有这样经验丰富的专家加入能很好地加强整个团队。是时候换工作了！现在只要再和人力资源主管面谈一下就行，不过那也就是走个流程而已。只要新工作的薪酬不会比旧工作低太多，换工作也没什么不愿意的。

但和人力资源主管的面谈出奇地不顺利。之前不是都谈好了吗？他很不愉快，因为问他的问题都好像是随便什么人从网上找的：有什么目标，要怎么实现，最大的优缺点各是什么。并且问他的时候也不看着他。接下来又按部就班地问他到目前为止最大的成功是什么。这位机械制造专家保持友好、客气的态度，一一作答，表现得自信却不盛气凌人，尽管他觉得这位人力资源主管和他交谈时很少看着他。

三周后，人力资源部打来电话，51岁的他以为肯定是要他办入职手续了，还很高兴终于接到新雇主的电话。结果却正好相反，他被告知没有获得这份工作，对方说话简单明了，不给任何原因。他很迷惑，之前明明和未来的上司聊得那么投机。他在电话中说想知道为什么，是他的期望薪水太高了，还是他和团队的融合其实没有他想象的那么好，或者就是他年龄太大了？电话那头的声音冷淡地说道："不是，我司从来不会说明原因，那不是我们的风格。"

他思考着这是不是风格的问题。不给原因的否定特别伤人，不管是在学校、家庭还是工作中。没有明确原因的拒绝会让人特别不安，因为你会一直问自己哪里做错了，到某个时刻就会开始质疑自己这个人。加利福尼亚心理学家内奥米·艾森伯格的研究表明，社会排斥甚至会造成生理的疼痛——疼痛阈值改变，人变得更敏感，免疫系统活性降低。[35]被拒绝对机体的许多功能都有负面影响。

这也是因为人在几乎所有状况中都会寻求因果关系，听到坏消息会想为什么会如此。那位工程师对自己没有得到期望职位的疑虑会长期烦扰他，他会不断问自己是不是自己的原因。

人力资源部把如此决定的原因说清楚应该也没有什么难处，这又不会泄露什么商业机密或内部信息。但如果他们不说，就印证了不幸很常见的权力展示模式：我们不仅可以决定雇谁不雇谁，还掌握着什么可说什么不说。有谚云："知识就是力量。"但早就该再加上一句："知而不告是更大的力量。"

不受欢迎

排挤和贬低有许多种直接或间接的形式。开诚布公地说讨厌当然不委婉，但至少是“明枪”，让人心里有数。若厌恶是“暗箭”，可能更坏，因为当事人会一头雾水，搞不清为什么被排挤。

比如，有个大家都不待见的同事已经在公司干两年了。每年春天，公司一半的人都要去参加展会，他也会去。他们要住同一个酒店，在同一个展位上干活儿，一次又一次不可避免地在赴约的路上撞见彼此。

到了晚上，有些同事在展位上告别，有些甚至已经躺下了，还有些计划着去喝一杯，那位同事还无辜地问：“明早你们什么时间去吃早饭？”第二天，当他9点左右按约定好的时间去酒店餐厅吃自助早餐时，却不见公司的任何人。真是奇怪，是他太早了？还是太晚了？还是把时间听错了？他抓住了一位刚从厕所回来的同事，不过他也已经吃完了，只想拿上包就走，于是匆匆地说：“我们八点一刻见的啊，你不知道吗？”

第二天早上，这一切又重演一遍。他问其他人什么时候见面，然后按约定时间去餐厅，可还是一个人吃早餐。后来在展会上有人无意间提起，说约在了外面的一家咖啡馆。这是背着他说好的，没有人告诉他。

第三天，当又在酒店白等一场后，他终于明白了这其中的含义。三次被人有意欺骗，真是清晰又伤人的信号：别人不想有他在旁边，不想和他一起。但没有人告诉他，他只能通过屈辱的方式自己体会出来。某些同事后来在展会上假客气的问候只会让人更加痛楚。

这样表示厌恶真是不能再低调了，但又让人不得不联系到自己，不然还能是谁呢？对此有两个策略：受到这么大面积的排挤时，要问一问自己是什么地方让同事不高兴，为什么大家见面的时候不想带上你，一些自省还是需要的，但不可止于此，因为那就意味着只在自己身上找问题；另外最好直接和某些同事谈谈，清楚表明这种排挤是不应该的。开诚布公地和别人谈他们对自己的意见，肯定对双方都不是愉快的事情，但至少是有事明说。人不必让自己一次又一次地被骗。

“雏鹰”的试炼

这是学术上的练习，其实只是个游戏，但也是很好的准备活动，可用来应付以后会遇到的事。小组每两周在历史教授的办公室见一次，并自诩为“雏鹰小组”。成员来自各个领域，有芬兰象棋大师、埃及学家以及学历史、哲学、德语语言文学的几个学生。不同领域、专业的人自发地聚到一起来锻炼脱稿演说能力，并同时让自己得到一点儿辩论的熏陶。

见面不是强制的，也不评分，只有几条简单的游戏规则。每次见面，某个成员要做一个15分钟左右的演讲，选什么题目不重要，重要的是脱稿自由表达；15分钟后，选出另一个成员当场总结刚刚听到的演讲——他不可以记任何笔记；然后再由第三个人来补充上一个人忘记的部分。这三轮之后，演讲的内容和结构就基本清楚了，之后再就此话题进行全面讨论。

一个人正在说话的时候，教授突然站了起来。那个学生正在讲一个16岁就已写出优美诗作的早期抒情诗人，教授却跑去自己的书柜前，背对着学生，仔细翻找着，好像在找一本重要的书。

公开表示不感兴趣

教授申请项目资金，刚刚开始介绍自己的计划，想说明自己会如何运用这笔资金，评审会主席就拿起了报纸，堂而皇之地翻开，翻到体育版面，脸藏在举起的报纸后面看不到。教授迟疑了一下，疑惑地看看其他人，然后又小心翼翼地接着说下去。

有很多种方式可表明谁说了算以及对对方所说丝毫不感兴趣，在奖学金审批、研究项目审批、求职面试、试镜中都是如此，不管提出申请的是学生、学徒还是教师。看报纸是一种非常明显的轻蔑表达。申请者以此被明示，他依赖于评审团、领导或其他决策者的判断。

演讲者很生气：这是什么意思？教授是觉得无聊，还是想在书里查查说到的某个细节？可能都不是，是别的什么原因。学生在演讲过程中一直自觉地寻求和教授有眼神接触，以获得他的关注和善意。现在这种联系突然被打断了，演讲者被晾在那里，一时不知所措。

短暂慌神之后，他决定接着说下去，毕竟房间里还有十多个人听着呢。学生试着不看教授而看着他们，引来他们的目光和兴趣，一会儿之后也确实做到了。他一直说下去，流畅地说完了，但心中还是有些不快。结束的时候，先是一阵尴尬的沉默，然后教授回到座位上，解释了自己想通过这出人意料的举动达成什么目的。如果他觉得某人在演讲中相当自信、稳定，他就想测试一下，如果第一回应人突然消失，此人还能不能稳住。所以这种不安是刻意制造的。

这计策是出于好意，绝不是对演讲者不尊重。教授是想早点儿让学生体会到将来在生活中、舞台上、讲台上会有的种种残酷，毕竟总是会有听者听到一半就走神、打哈欠、睡着、直接走人。如果把这些反应指向自己，认为都是因为自己做得不好，会很容易气愤，甚至感到被伤害。

对于演讲者和演员来说，这种不感兴趣和无视自然很难忍受。如果足够自信还好，如果不够自信，就会被搅得手足无措，所以不要以为是针对自己非常重要。这种行为可以有很多原因：可能听者那天非常忙，他只是累了；可能他肠胃不舒服；或者他想到应该马上打电话给生病的母亲……其实很少是由于演讲者的表现。

在德国某大学的一次演讲也很令人难忘。本来演讲者讲得好好的，平静而客观，突然观众们听到从隔壁传来不知道是什么的噪声，再无法专心听演讲。可惜只有演讲者没有发觉有噪声，他乱了阵脚，越来越不安，语无伦次，最后用颤抖的声音说道：“女士们、先生们，请遵守秩序！”

“To be or not to be”

精彩喜剧《你逃我也逃》(*To be or not to be*)中也有这种情况。这部电影由恩斯特·刘别谦执导，1942年在美国上映。影片讲述了华沙一个剧团巧妙地运用表演技法反抗纳粹侵略者的故事。他们演出莎士比亚戏剧时，每次一说到哈姆雷特那句著名的“to be or not to be”，一个坐在前排的年轻飞行员就会匆匆离开座位，每天晚上都是如此。

主演深感被冒犯，以为这位少尉是在鄙视自己的演技。他对下一次演出越来越焦虑。剧场座无虚席，却有人半途退场，他总把这归结到自己身上，开始自我怀疑，差点儿陷入深深的创作危机。

确实有人会冲出剧场，摔门而去，以此表达自己的不快，但把这都归结到自己身上未免太以自我为中心。影片里表现得很清楚，主演在担心自己的演技，他的同事们却在想办法尽可能久地抵抗纳粹，这是生与死的问题，而不是演得好不好那么简单。主演的这种以自我为中心在少尉离席的原因揭晓之后更显滑稽：原来少尉是要去后台见情人，而这情人正是主演的妻子，她要保证不会被撞破，就要趁丈夫没空的时候，而那句“to be or not to be”就成了信号，被戴绿帽的“哈姆雷特”自己给了妻子后台幽会的时机。

领导的权力

有无数种方式来表达对下属和同事的不屑和蔑视，在情感上冒犯他们。有些方式直接而不留情面，有些则比较隐晦，但并不会因此而削弱其伤人的力量。

侮辱下属的传统技巧在许多公司都流传着，领导“凶神恶煞”，最好不要与之为敌。但在21世纪的职场，随着弹性工作时间、居家办公、24小时待命的出现，这种严格的上下级关系早就过时了。

但这并不完全是因为人性、仁爱突然进入了写字楼——尽管应该如此——更多是因为传闻说职场中的高压管理会影响公司的效率和业绩。好的领导早就知道要激励、支持下属，而不是在他们创造效益、想到创意时打击他们。加强长处而不是利用短处是更加有前景的办法，尤其从经济角度来说。

因此，从各个方面来看，在整个部门甚至全体员工面前贬低、侮辱某个职员是完全不合适的。因为自己身处高位就贬低别人的人、公开展示自己权力地位的人，不仅会让自己不受欢迎，更会让自己待不长久，至少在扁平化管理、以合作为导向的公司是如此。

当病假人员增多时

如果部门中请病假的人越来越多，那也说明领导有问题。过于紧张的气氛、缺乏沟通、人事问题不解决都可能让许多员工生病。压力导致的疾病比例会升高——比如背痛、胃部不适、不明原因的疼痛，乃至心律不齐、胃肠功能紊乱。

另外，在部门里感觉不佳、内心早已放弃的员工更容易缺勤。他们感觉公司的项目、目标与己无关，顶多也就是当一天和尚撞一天钟。职业病医生和心理治疗师早就知道，糟糕的领导就算换了部门，也会把高病假率带过去。

在公司里被公开训斥带来的伤害可能会很大，羞愧感和负疚感也会随之而来。在同事面前被大声斥责，被说成一无是处、表现低下，会造成很深的伤口。

被自己想要取悦的领导批评，尤其是因为经济依赖而要取悦的，会直接造成生理疼痛：感觉整个人紧缩，胃拧成一团，心脏仿佛停跳了一会儿，血流都停滞了。就算还不知道自己有什么违规或犯错的地方，很多人在被当众指责做错事、未达到期待时，也会马上有被抓住、负疚的感觉。他们会感觉很不好意思，因为他们真心想要的其实是被喜欢。和领导之间的权力不平衡也会加剧负面感受。人会因为自己在别人心目中的形象出现残缺而羞愧，而被别人鄙视后会进而感到羞耻。[36]

直接嘲笑某人并让他在别人面前出洋相，是向下属表明他们有多被瞧不起的一种传统而不加节制的手段。不过，没那么直接的方法也同样有效且伤人。比如，在讨论中，某个团队成员的建议和发言要求一直被刻意无视，就会让他感觉不被当回事，觉得自己不合格。别人对自己的无动于衷是特别伤人的一种体验。

这种情况对经过多年不懈努力升上去的员工来说伤害特别大。他们总是全情投入，为公司几乎可以做任何事情，也期待着相应的尊重。他们不是为自己、为内心的满足而工作，而是为获得领导的欣赏、同事的喜爱。对于这类主要从别人的认可而不是内心的动力中获得职业满足感的人，付出许多努力也不能得到正面反馈，甚至自己的奋斗没有获得任何形式的回应，是特别令人崩溃的。

在等级森严的威权体系中，不管是公司还是政治机构，这种情况尤其会有负面的影响。那里基本任人唯亲，职业发展全靠个人关系，一旦失宠，所有为吸引上位者注意付出的努力都付诸东流，而被排除出权力内部小圈子的人很难再次融入进去。

女性在职场中尤其经常遭到排斥和侮辱。被同事或上司冒犯、骚扰、开黄腔当然是绝对不允许的，这应该是不言自明的事，但可惜，正如“Metoo”运动展现的，事实并非如此。这种越界行为必须立刻受到惩罚，现在也确实越来越如此。

不过，更常见的还是会议、项目讨论或其他小组工作中不经意的评头论足，这依然是女性在场时的日常。不回应她们的提议或讲话内容，而只是说：“太棒了，你这张漂亮的脸点亮了我们整个小组。”或是：“你的出现真让我们开心。”尽管这些言论通常意在夸奖，但也会导致女性被降为办公室乏味日常中漂亮的点缀。

当然，可以称赞女同事的新衣服、新发型，前提是要关注她们的工作内容，这也适用于身着剪裁合身的西装或脚蹬优雅皮鞋的男同事。不过，对于外表的评价应该仅限于小圈子里，以免冒犯；在更大的圈子里，这始终都是不合适的。

内容要点

- 令人遗憾的是，有些管理者对自己的角色依然有错误的理解。他们不去激励下属、通力合作，而是向下属展示权力的不对等，强调而不是弱化等级差异。他们当众侮辱下属，从自己的权力地位出发去贬低别人。这不是使用权力，而是滥用权力。
- 压迫、嘲笑、侮辱下属的领导，会让下属无法对公司有认同感，从而无法有动力去做到更多，倒是会更经常生病或“称病不来”。上司信任下属的扁平化公司比员工被自上而下“统治”的公司更成功。
- 同事可以很坏，从恶意造谣到霸凌到当众揭发往往只需一小步。
- 对领导的行为尤其要批判地来看。如果他们故意忽视下属的意愿，员工多次要求谈话也不给机会，就算真正的原因可能是一时忙不过来、没有时间，也会被理解成个人的冷漠和排斥。
- 与权力不对等有关的情感暴力，比如在上司—下属关系中的，有特别严重的后果。

Emotionale Gewalt

第八章

制度性侮辱：军队及体育中的权力不对等

逃不出的制度陷阱

在世界上所有的军队中，被广泛接受的游戏规则之一就是新兵要被严格规训，要无条件地服从。纪律和服从应该是军队最重要的基本规则，此外还有延续了几世纪的固定仪式、反复做的行为、严格按计划进行的日程。直接上级最被敬畏，因为他们要事无巨细地保证履行所有职责，遵守所有规则。他们通常也负责在有人违规和出现疏忽时进行惩罚。

当兵绝不仅仅是锻炼体格和学习使用武器，宿舍和柜子也必须整洁，衣物必须摆放整齐，规则必须严格遵守，否则就会受到在外界看来通常过于严厉的惩罚。但对新兵的要求那么多、范围那么广，新兵根本就不可能完全做到，而且规则有时甚至自相矛盾。

这可不是制定规则的人员粗心大意，而是暗藏玄机。若要早起之后立刻把衣服和床褥都整理得一丝不苟，并保证所有东西一尘不染，房间里没有一点儿人住过的痕迹，就无法同时以最快速度冲到操场，衣装笔挺地等待点名，两者无法兼顾。就算体格很好，一直困于各种内务和其他规矩中，也无法有良好的体能表现。

军队的规矩是特意这么设计的，就是为了要任务又多又难还无法兼顾，根本完成不了。这种“做不到”是算计好的，社会学家称之为“制度陷阱”，其目的是让人屈服，没有新兵能躲开，就算不是每个人都会被抓住。因此，在可预见的失败之后也不总跟随着惩罚。

军队的种种规矩从某些方面来说可算冠冕堂皇地不讲道理，有时甚至是危险的身体伤害，但其他一些有用的秩序和规矩，比如到约定的集合地点会合等，则是完全合理的。

总之，把被子叠得像豆腐块，把衣服和餐盘整理得无比整齐，使门框上和床框上都一尘不染，这些并不能保证军队赢得一场战争或只是赢得一场战斗。

虐待狂教官

没有亲身经历过的人也可以从许多书和电影中生动地体会到年轻人在军队中常要遭受的折磨和侮辱。斯坦利 · 库布里克1987年的经典电影《全金属外壳》就把无意义的严酷训练表现得淋漓尽致。影片之所以这么逼真，可能也是因为库布里克让罗纳德 · 李 · 艾尔米出演虐待狂教官一角，他在越战中担任过参谋军士，本来只是在片场当顾问。

据说库布里克看了艾尔米的试镜：他变着花样地咒骂群演，几分钟不带停的。“那时我就非常确定，艾米尔是饰演这个角色的完美人选。”库布里克对《华盛顿邮报》说。艾尔米来到片场时带着一个150页的笔记本，里面记满了各种虐待方法。据库布里克说，其中一半都是艾尔米自己想出来的，尤其是各种与粪便有关的和下三路的招数。

在军队中，身体暴力和情感暴力互相融合、互相补充。训兵仪式中有一项要求特别高的运动——偶尔会造成身体伤害，甚至会导致死亡。这些训练手段是要让下属听话。这绝不仅仅属于早已过去的许多个世纪——那时新兵被残忍地折磨，让不听话的士兵从两排长矛中间跑过去还是非常流行的惩罚。从德意志民主共和国国家人民军流出了各种关于折磨和虐待的报告。乌韦·特尔卡普2008年的自传体小说《塔楼》就讲到一个士兵被折磨到差点儿死去，最终因意外身亡。就算在联邦国防军中，直到今日也依然反复出现丧失人性的折磨和恶意的虐待。

直到2017年夏天，一名21岁的预备军官死在了下萨克森州的蒙斯特。他被上级命令在30摄氏度的高温下进行“适应性行军”。路程太长，背包太重，衣服太厚，这个气温对这样的高强度训练来说显然也太高。好几个士兵中暑晕倒，那名预备军官10天后因多器官衰竭而去世，另一名直到今天还在和后遗症做斗争。联邦国防军方面声称这些士兵吸毒，但他们既没有基础病，也没有吸毒。其实是教官没有尽到自己的看护责任，也违反了联邦国防军的规定——按规定，一个人倒下，整支队伍都必须停下。而实际情况是第一个人倒下后，士兵们不仅没有足够的水喝，还不能休息。

在蒙斯特的那场身故意外之后，更多的类似暴力也出现了，比如，在2018年特别寒冷的春季，士兵要在零下9摄氏度的室外过夜，或者在严寒中遭受其他折磨。这类体罚的目的是要摧毁年轻人的意志，让他们无条件服从，不管施行的训练有多么不合理、危险。暴力拉练、过度身体训练都是实施精神暴力的一种方式。

死于“戈尔希·福克号”

“戈尔希·福克号”是德国海军的骄傲。这是一艘风帆训练舰，快而宏伟，曾创下速度纪录。原来的10马克纸币上就有它的身影。2010年11月7日，在巴西海岸线附近，一名25岁的女性预备军官从27米高的桅杆上坠落，摔在甲板上身亡。1998年、2002年、2008年就已经出现过类似的悲剧，受害者都很年轻。这名预备军官在死前5天才刚刚上船。

这些意外死亡事件发生之后，船上的训练方式引起了巨大的争议。据说，那名预备军官受到了压迫和排挤，多份关于其小组行为和情况的报告流传开来。船上训练的艰苦早已名声在外，甚至从20世纪60年代起就有一首《“戈尔希·福克号”之歌》来形容：“教官不好惹，有些同伴也叫人害怕，靠近就忐忑，心中却还是要当成战友！”后来又有多名船员表示，上级不准他们哀悼，来自教官的压力和威胁极其大。一部分船员后来拒绝爬上桅杆。

在后续调查中以及听证会上，船上的训练方法被批评为老旧过时。

这些身亡意外发生之后，各个军种中的训练服从性的方式也被广为讨论。

“戈尔希·福克号”上的训练项目被暂停，但2013年又重启，训练军事服从性的各种传统方法有无改变也就不得而知了。

新兵训练有各种固定形式，要求多样，这些都只是为了让人服从，尤其是要让新兵在基础训练中变得顺服。弗莱堡的社会学家乌尔里希·布罗克林著有一部关于纪律历史的奠基性作品，[37]他说：“过度的规章形成一个系统，使错误不可避免。士兵因而有一种无力感，觉得自己不能胜任，受到惩罚也是应当的。他们觉得很愧疚，于是也准备好继续经受无理的锻炼。”

触犯规则一定会遭到无情的处罚，就算从被违反的规则上找不出一点儿军事上的逻辑（也极少有其他方面的逻辑）。这其实只是要让士兵顺服，所以专断的上级怎么折磨和侮辱都可以，规则有没有意义则很少被质疑。

各种要求的严格束缚让人感觉一直被监控着，觉得如果被上级盯上便难逃责罚，于是很快就会觉得自己总是有错，总是不够好，就算这次没被抓住，下次肯定也逃不了。这种规则系统起作用的关键就是期待下级违规并因此遭到惩罚。当几乎一切都被过度规范后，犯错最终是不可避免的。

参与者——不管是上级还是下级——看不看得出是在使用哪些规训技巧让人顺服并不重要，就算许多命令亟须拷问，也不会影响到这种威权结构。重点是稳固的上下级关系，以及形态的维护，而不是意义。

遵守一系列的规章和纪律也会花费时间，因此下级就基本没什么自由，只能被逼迫降为队伍中的无意志的一员。历史上已经有足够多的例子来说明这种盲目的服从会导致什么恶果。

某些公司的管理文化可能也是这样：制定一些不可能达到的要求。这时最重要的不是培养无意志服从命令的人，而是以各种无法兼顾的高要求让员工时刻处于一种愧疚的状态，这样他们就会甘心接受更多的工作任务而不怎么抱怨，因为觉得没资格要求别的，更不会抱怨工作条件，因为一旦抱怨，就可能被抓住不称职的地方。

比如，现代的传媒公司的员工要如何一边积极开会，分享自己的想法，听取别人的意见，一边还和世界各地的同事和合作伙伴交流，发邮件、消息，就因为时差导致只能在这时候联系到他们？这被默认为应该做到，但两边的工作都关注并高质量地完成是不可能的，肯定会出错，于是歉疚和挫败感的种子就埋下了。

卡夫卡和愧疚感、监视、躲不过的惩罚

卡夫卡的作品中贯穿着一种被纠缠的感觉。主人公觉得被逼到角落，总感觉被上级权力或威权结构观察着、规训着、监视着。一种说不清的愧疚感压在他们身上，他们却通常不知道自己哪里做错了，只认为自己理应受罚，至少从逻辑上来说是这样。

卡夫卡的主角们都有一个特点：逃不过黑暗的命运。在他们躲不过的漫长而使人备受煎熬的审讯等场景中，他们要为自己正名，要为自己辩护。卡夫卡不仅将惊人的权威赋予严厉的父亲、手握大权的法官等角色，就连服务员领班、门卫都有相当厉害的手段来监视、惩罚、审判别人。

小说中很少有解脱之法，命运无可逃避。就算有出路，最多也只是理论上的，实际上几乎总是为时已晚，就好像卡夫卡的《小寓言》里那只跑进死胡同的老鼠："'你只要改变奔跑的方向就行了。'猫说着抓住了它。"

在许多公司和机构中，为节省经费，总是有新任务加到员工身上。比如，医生早就不仅要治病救人，还要做大量文书工作：正确录入诊断代码、完成质量管理、将自己的工作记录下来。记者也不再只是写稿、改稿，还要越来越多地为在线版本配文，学习新的格

式规则。每一种职业都可以举出很多例子。

职场的发展、技术的进步导致工作内容发生了改变，新的技能和节奏被加了进来。有时这是不可避免的，有时却也导致了偏离核心工作，以及赶不上、做不到、完成不了原本工作带来的压力感。有些员工能够将自己抽离出来，或找到自己的一方天地，不用紧跟每一项新内容；有些则在情感上被消耗殆尽。

坐冷板凳的世界冠军

巴斯蒂安·施魏因斯泰格踢完了他在拜仁的最后一个赛季，因不再有前几年的世界级表现，于是在2015年夏末转会到了英超的曼联。这可能不是他职业生涯中最好的决定，因为他已不再年轻，而且在拜仁时他在球场上的表现就已退步明显。

但作为2014年的世界冠军以及多年的德国队主力，他在英国还是受到了很多球迷的崇敬。英国人尤其喜欢他强健的球风和无限的投入——这在世界杯决赛中德国对阵阿根廷时特别明显，他带着脸上肉眼可见的伤多次拼抢，并在捉对厮杀中赢过了对方。

2016年，曼联换帅，施魏因斯泰格的"伯乐"、前拜仁主教练路易斯·范加尔被换成了以自我为中心的若泽·穆里尼奥，施魏因斯泰格在英国的苦日子开始了。穆里尼奥不再和他商量，并很快将他调到预备队。尽管他有时还以正式队替补的身份参加英超，并长期参与欧冠，但早已不被调遣。

32岁的施魏因斯泰格只得和二队一起训练，队里主要是预备球员。他作为世界冠军和曾经的德国国家队队长，竟要坐冷板凳，或者和一群十六七岁的孩子一起训练，很难想象职业体育中还有比这更严重的来自教练的侮辱。

2016年11月，施魏因斯泰格在255天没踢过比赛之后回归曼联主队，后来又被列入英国参加欧洲杯的阵容，不过这时他在英国的日子也屈指可数了。2017年春，这位曾121次以德国国家队球员身份出战的球员转会到了美国职业足球大联盟的芝加哥火焰队。

这件事中值得关注的并不是赢得许多荣誉的运动员在职业生涯的末期经常受到不公正的对待，也抓不准超越的时机，而施魏因斯泰格的多年队友菲利普·拉姆在这方面就做得不错，而是施魏因斯泰格令人惊讶地以泰然自若的态度面对穆里尼奥带给他的挫折和对他的恶意，至少从表面上看是如此。施魏因斯泰格肯定不满于当替补、坐冷板凳，但他没有公开抱怨，也没有表现出受伤而让穆里尼奥得意。

他与塞尔维亚网球选手安娜·伊万诺维奇坠入爱河，两人于2016年7月在威尼斯成婚，从这也可以看出施魏因斯泰格没有陷入自怨自艾。比起和教练生气，他有其他事要做，这可能也是他能选择的最佳策略。另外，穆里尼奥在世界足坛上也被认为是最特别的教练之一，过去现在皆如此。他的指挥风格，用友好的话来说，也是充满争议。他自诩为“The Special One”（特别者），他的决定就连喜欢他的球迷也并不总能理解。

而施魏因斯泰格对这些羞辱的反应可说是模范。在极为成功的职业生涯之后，他有足够的自信，不会陷入深深的自我怀疑、自我否定危机。他当然清楚，自己已不再年轻，过了运动技能的巅峰时期。他淡然地面对教练使出的手段，没有煽动球队去反对教练，也没有到处说教练坏话。他没有把自己表现成受委屈的世界级老将，而是维持了外表的平静自如，享受自己的生活，等美国那边发来邀约，一有改变的机会就抓住。

从替补席到冠军杯

与简单粗暴的穆里尼奥相反，生于1945年的著名教练尤普·海因克斯多次证明了自己尤其善于和不够自信的球员打交道——被人看见，说的话别人听得进去，这才是最重要的。毕竟，不管是小职员、高薪者还是业界大牛，都需要时不时得到一些称赞和承认才能更上一层楼，不过，这种欣赏必须给人感觉是真心的，而不是在奉承恭维。

这在拜仁球员托马斯·穆勒和阿图罗·比达尔身上就可以看出来。曾被誉为"空间展开者"的穆勒在2016—2017赛季经常迷失在禁区之外，跑来跑去，基本只是作为拜仁本地代表在完成签约期。比达尔不再是"战士"，而成了垂暮英雄，与自己和世间的种种诱惑做斗争。两人都常常出现在替补席上。

然后在2017年10月，善于调教球员的海因克斯取代卡洛·安切洛蒂成为拜仁的主教练。他肯定用了什么心灵快速痊愈之法，因为很短时间之后比达尔就振作了起来，让拜仁的球迷非常开心，更令对手感到害怕，就连他身上的文身都突然显得更加可怕了。穆勒也再度以灵活的双腿实现了不可思议的进球，挑战着静力学和解剖学的法则。不仅在欧冠上，在整个2017—2018赛季他都表现优异。

彼得·亨宁森说："最重要的是努力和认可之间的平衡。如果失衡，就可能导致认可危机，人会感觉自己没有得到足够的欣赏，表现就会变差，患病的概率也会上升。"

认可绝不只是物质上的。心理学家和心身科医生遇到过许多患有疑难杂症的病人，他们都觉得自己不够被重视，结果肠胃紊乱，全身都有不明原因的疼痛，心跳飞快，头晕目眩。

金钱作为奖励很快就会失效，尤其是在职业足球运动员这个收入阶层。真心的欣赏至关重要。海因克斯在接管球队后不久谈到比达尔时就说："我认为他是一名非常出色的球员。"穆勒在欧冠联赛中对伊斯坦布尔进了两球后，海因克斯谈到他时也说："那是穆勒，他能行。"

欣赏往往是相互的。穆勒对这位"边线上的最佳旁观者"赞不绝口，他说的可不是"边裁"。慕尼黑大学的社会心理学家迪特尔·弗赖表示："人是社会性动物，自己对自己的态度取决于他人对自己的重要评论和想法。感觉别人相信自己，会转变成自己更相信自己，自信会因为别人相信自己的能力而增强。"

由此会发展出对自己能力的坚定信念：我能行，再试试，加把劲，不要那么轻易被打倒。如果还能接受失败，对挫折的容忍度和毅力也会提高。

亨宁森说："不过，认可应该让每个人觉得自己这个个体得到了承认。要做好这一点，不必给每人不一样的赞扬，但个性化的表达更能让对方觉得是在和他说话。"

“你们踢的什么烂球。”

伤人的有时并不只是话语，更多的是说话的方式，以及表情、手势等非语言沟通。要注意语气语调，要看批评的情形，这都已是老生常谈，但还是常常被忘记、被忽略。

在球场上就经常可以看到球员怒气冲冲地向教练表达不满，有些媒体就想趁机编出球员和教练不和的新闻。但有经验的教练不会介怀，他们知道球员一时发怒是正常的反应。海因克斯甚至觉得是好事——球员如此投入，以至被换下或不让上场时会生气。

在小事上也如此，比如青少年队的教练尽管说话不好听，但能让人感觉到他一直关怀着他的小队员们。他说话真的直截了当，经常是“你们踢的是什么烂球”“啥也不是”“真烂”，有时听起来很是粗鲁，但他说话的方式让孩子和家长们明白，他没有恶意，只是对小队员们非常上心。

而另一位教练则正相反，他从来不说批评的话，但如果球员踢得不好，他就会用鄙夷的目光看着他。他不用发火，球员们就知道教练因为他们表现平平而瞧不起他们，他的表情说明了一切。只过了半年，球队就抗议了，不想在剩下的赛季中继续被这个教练训练。

内容要点

- 在威权体系中，侮辱下级甚至打碎他们的意志通常是制度的一部分，用来强化服从性。在军队、天主教会、体育队伍中，这些权力技巧都是流传已久的传统。
- 陷入“制度陷阱”的人无法避免违规，烦冗规矩设计成系统正是为此。个体会一直感觉愧疚、被监视，总觉得迟早会受到应有的惩罚，目前还未被抓住、受罚也只是走运，惩罚是应该的。
- 体育中也有无理的规矩和军事化操练。在足球领域，被发配去坐冷板凳或去预备队就好比军队中从两排长矛中间跑过去这样的惩罚。就算是顶级运动员，情感需求也需要得到回应，需要被给予尊重和真心的欣赏。

Emotionale Gewalt

第九章

当医生让人生病时——医疗中的情感暴力

还要再来点儿吗?

健康或生病，已经不是有关走运或倒霉的问题，而越来越被看成有关道德、罪恶、责任的问题。有没有戒掉足够多的不良嗜好？有没有得到足够多的休息？有没有正确饮食？我们无时无刻不被“完美生活”的众多规矩轰炸着。这就导致了一个最为重要的结果：人们被内心的负疚感折磨着，感觉很糟糕。

哥廷根大学附属医院全科医学科的沃尔夫冈·希默尔说：“许多病人就执着于一个概念：要戒掉什么东西。这让我们很惊讶。他们的想法、行动、认知……一切都围绕着一个巨大的道德考验：要证明自己一直很节制、守规矩、重健康。”

希默尔及其团队指出，糖尿病病人要一直放弃自己喜欢的食物是多么痛苦。[38]

但对糖尿病病人的采访表明，他们同时又有道德压力：要节制，不可放纵。做不到就很容易觉得很失败，懊恼连自己的生活都管不好。

生病又做错

安娜觉得她的医生一定认为她很懒。42岁的她无数次要减肥，但一次也没成功，也可能是因为她的老公和孩子总要她做一些在她看来不健康的菜。

彼得又是怎么回事？他已经73岁了，怎么也戒不掉那些被他称为“心灵食粮”的东西。巧克力对他的心情很重要，能让他舒心，尤其是在困难的时刻。他还承认有时会来一杯红酒。但这种快乐并不会延续多久，事后他更多感觉到的是愧疚。

凯蒂，65岁，希望医生能把她送到一座孤岛上，那样她就不会被不健康的食品诱惑了。日常生活中的压力已经让她承受不住，所以她幻想着逃离，不然似乎就无法从所谓“错误行为”的恶性循环中解脱。

这三个人比他人更要注意饮食，因为他们是糖尿病病人。一旦吃得太多、吃的时间不对，或吃的东西不对，血糖就会失控。他们要不出现低血糖，要不出现高血糖，两者都很危险，有时甚至能致命。许多糖尿病病人能多多少少控制住病情，过上差不多正常的生活。他们遵守一些饮食规则，渐渐了解自己的身体，知道什么对自己合适、什么不合适。

严重地说，这些人屈服于“观念警察”的专制，对自己施加情感暴力。不仅是在诊室中，在家庭中、在朋友圈里，病人也一直受到检查。血糖水平、体重、用来衡量血糖的糖化血红蛋白等数值变成了道德分数，用来评判他们有没有过着足够节制的生活，而血液的检测值则用来表明他们有没有“正确”地生活。

“一定要健康生活”不仅影响了病人，就连最健壮的人也早就拜倒在这条最高守则之下。越来越多的人不仅要过得好，还要追求健康、养生，要把一切都做对。一切都要有计划地执行，要掌控好，要达到最佳状态：要均衡饮食，要有足够的运动，要平衡工作和生活。这些都是追求完美的典型表现。

很少人会满足，因为总有些什么可以改善：要有更多职业进步，要做更多运动，要吃更多蔬菜，要有更多休闲活动，要花更多时间陪家人。看起来好像都可以做到，但其实永远都做得不够，因为做到一个就会忽略另一个——高强度投入运动难免会忽视朋友和家人，太注重休闲就难在职业上更进一步。各方面的要求提高了，但能用于此的时间没有增加，这种现象被社会学家哈特穆特·罗萨称为“同步危机”。[39]

这种矛盾使得人们开心不起来，总在遗憾有些事没能做到，没有把所有事情都掌握好。慕尼黑大学的社会心理学家迪特尔·弗赖说：“不少健康的人有一种潜在的负疚感，因为他们觉得自己活得不够健康，生活方式不对。饮食、锻炼、健康变得像一种宗教替代品，他们不再像以前那样关心来世，但还是期望长寿。”

科学家们称这种过度追求健康、一切只为健康的态度为“健康主义”——还有什么没做到的？会做错的地方那么多！几年前，纽约的营养学家保罗·马兰茨就曾用一幅既生动又吓人的画面来与这种愈演愈烈的健康崇拜做类比：“现在，如果有人开心地把奶酪汉堡送到嘴边，在道德上就等于拿枪指着自己的太阳穴。”与其用各种自相矛盾、通常未经过科学验证的饮食规则折磨人，还不如干脆就不要做任何营养推荐，这样倒更有利于健康，[40] 至少能减轻心理压力，不用每次吃食堂或聚餐时都小心翼翼，生怕犯下“过度”这样的大错。本来就已经很健康的人也觉得必须达到给自己定的要求，甚至要超过要求，以改善自己的日常生活。要特别注意饮食的病人则有更大的压力，比如溃疡性结肠炎患者。

沃尔夫冈·希默尔及其团队写的一篇专业文章《你疯了，你梦见了巧克力酱》（德语：Dann wirst du bekloppt, weil du von Nutella träumst），[41] 以患者的体验为中心，因为就连大部分医生也不清楚带病生活是什么感受，有哪些希望和恐惧会决定患者的每一天。希默尔说：“溃疡性结肠炎患者需要很多年才能弄清自己能耐受什么、不能耐受什么，所以饮食问题对他们来说才那么重要。”不幸的是，对这种病没有一概而论的饮食建议，个体差异很大，只能自己摸索。一个人能毫无问题耐受的东西，可能在另一个人身上就会引起严重的、出血的腹泻。病人会感觉自己的身体里充满了无法预知的问题。希默尔说：“他们会认为：我就是错的那个。”结果就是他们开始自我怀疑。

有些病人说自己一直梦见蛋糕或薯条，并因此而憎恨自己抵抗不住诱惑。他们不信任自己，觉得如果病情加重或某些指标不如预期，自己就应该做出解释。科学家们写道：“病人体会不到快乐、社交、放松，会感到一种巨大的不确定性。对于很多受访者，严格遵守了饮食规则却依然腹泻、出血、发作，会非常令人沮丧。许多人觉得吃饭并不是一件乐事，而是成了一种折磨。”

调查者们写道：“在这种情况下，要注意到，‘正确’的饮食并不一定对病程有积极作用，正如偶尔的‘错误’饮食也不会显著改变病程。”很少听到医生或营养师这么说。什么食物对病人没问题、什么有问题、为什么会这样，这些都不清楚。没有答案，倒是有些自责和绝望。

除了这种内心的自我鞭笞，不少病人会用另一种策略：犯规的时候轻描淡写：“就吃了一小勺蛋黄酱。”“就吃了一点点。”说得好像这不重要，但其实非常愧疚、后悔，有一点儿逾矩也觉得自己是大罪人。

希默尔说：“要是把这些限制放在日常生活中，我们喜欢做、带给我们快乐的一切都不再能光明正大地享受了，说都不行，它们完全被表现病人有多么守规矩的语言所隔绝。”许多病人想把一切都做对，只关注疾病及最好的应对方式，但从来不会完全成功，于是他们就自责，对自己施加情感暴力。

一些病人最终完全放弃与疾病的日常斗争，因为阻碍太大，想达到的目标值似乎根本达不到，病情还反反复复，于是他们就完全不管不顾了。许多医生都遇到过好像什么都不在乎的糖尿病病人，他们任由血糖飙升，弄到要送去急诊。也许这是他们对自己没能达到医学高标准的一种自我惩罚。就像那句话说的：你饮食不佳，生活得不对，当然就会不舒服。疾病和愧疚在这里交织在一起，无法分开。

糖尿病患者及溃疡性结肠炎患者以极端方式体会到的，健康人在小事中也体会着：如果你和同事说你每晚都要小酌一杯，能不遭到那种指责的眼光吗？那仿佛在说：你这样不好吧？因此，许多人宁愿伪装自己，在苛刻挑剔的目光中保持一个生活处处有节制、时时管得住自己的形象。

越来越多的人声称自己能控制生活中的各个方面以及任何病痛发作：理智饮食，理智行动，谨遵医嘱，万事大吉。但反过来这也意味着：如果你刻意经营健康生活，那万一生病了也是你的责任。乍一看似乎有道理，但其实大错特错。因为疾病首先是命运，是不幸中了基因的"头彩"，或是其他意外事件，就算采用完美的生活方式也只能影响很小一部分。就算奉健康教条为圭臬，极度注重健康生活，均衡饮食，多多运动，还是可能患上癌症、多发性硬化症、阿尔茨海默病，或是因帕金森病而严重影响行动能力。

另外，想要完全掌控自己的生活是多么大的一种傲慢？越来越多的人觉得自己要完全为自己的健康负责，这是一种全社会的现象。而这样人们必然会把各种不适甚至病好不了都归结到自己身上。他们会自责，觉得自己软弱、有缺点。

这就是心身医学的疾病诠释以及流行鼓励法的反作用；这种鼓励意在让病人振作起来，积极面对疾病，而不是逆来顺受地接受后面的病程。但这就告诉人们，如果面对疾病的心态对治疗如此重要，那不舒服自然也就是自己的责任。

弗莱堡大学的社会学家乌尔里希·布罗克林研究了人们的多种改善策略，他说："人们被教导了许多年，锻炼、营养、压力管理都是他们保持健康的有效手段，所以在结果不好时首先在自己身上找原因就顺理成章了：是不是不够努力、不够放松、'对的食物'吃得不够多。”简而言之：你做得不够！

当关系到健康时，是自己负责还是他人负责的问题很快就会出现。很少能让人接受的是，疾病或残疾只是天命、倒霉、意外，不是错误生活方式所致。社会心理学家弗赖说：“如果健康和一切疾病都被单方面归因于自己的行为，这当然代表更多的掌控。不考虑诸多致病因素，也不简单归结于倒霉，仅把生活方式当作有效的标准，就可以更容易地解释、影响甚至预料自己的状况。”单一因果解释很简单也很方便。

随着这种医学自控的加强，医生的权威有所减弱。自己通过“正确”的生活方式就能控制那么多，还要医生有什么用？另外，技术小帮手还要求你像玩耍一样地了解自己、提高自己。运动手环、心率计、血压仪及其他“量化自我”工具都唾手可得，都旨在帮你提升自己。社会学家布罗克林说：“它们一直提醒我们还不够好，就算我们并不需要去看医生。”随着技术进步，自我监测越来越贴身。“内心的声音被软件翻译出来，将负疚变成一种持续的状态。”布罗克林说。

其结果是人们感觉健康十分脆弱：我不可能没有问题！毕竟，步数不够、卡路里摄入过量、吃得不健康或者未达成其他目标这样的危险一直存在于心中。就连最小的偏离也会被当成过错，让人暗自羞愧，这样绝不健康。

疾病和健康之间原本分明的区别就这样默默消失了，界限变得模糊。于是，身体状况只能处于健康到不健康之间广大的渐变区域中的某一点，而完全的健康变成了天上的星星，看得见但永远都够不着。许多人忘记了对自己宽容些，尤其是关系到健康问题时。

哪怕伤人也该说出的真相

小女孩患上白血病时才11岁。医院里的医生和护士都特别喜欢她，因为她总是开开心心的，很讨喜。后来，她回家住了几天，再回医院时像换了个人似的，不理人，很冷淡，一句话也不说。值班医生很担心，把她带到诊室里问她："你知道自己得的什么病吗？"小女孩回道："知道，癌症，急性白血病。"她在去拍X光片的路上无意间看到了写着诊断的纸条，回家后就查了这个词。医生又问："那你也读到了你肯定会死吗？""是的。"小女孩平静地回答。

两人接下来谈了很久，医生告诉小女孩，虽然这病通常是致命的，但现在也有新的疗法，有治愈的可能。小女孩一直想弄清医生是不是为了让她安心而在骗她。最后医生答应小女孩，就算治疗不成功，他也会坦诚相告。小女孩的行为这才改变，再度敞开了心扉。

在图宾根大学附属儿童医院当了多年院长的迪特里希·尼特哈默尔回忆起年轻时候的自己时说："我对自己发誓再也不隐瞒任何事情，从那一刻起我对病人都知无不言言无不尽。我意识到这种谎言非常不好，所以我想换种方式，不再顾左右而言他。"这件事发生在20世纪70年代初的乌尔姆大学附属儿童医院，从那以后，如何对待生病的儿童就成了尼特哈默尔的毕生课题。[42]

尤其重要的是谈话时要真诚，要认真对待病人的话。孩子最能准确感知你是在认真和他们说话，还是在糊弄他们。只有当他们发觉自己的恐惧和想法能引起别人的注意时，他们才会和这个人谈死亡的问题。相反，如果违反他们的愿望，不把真相告诉他们，对他们来说这就是一种特别严重、特别有侵犯性的情感暴力。

直到20世纪70年代，医生一般都不会和孩子说太多关于预后的事情，有时甚至对成年病人也一样，特别是情况不佳的时候。大家普遍认为孩子不会考虑死的事情，于是医生和护士也不用想着怎么让孩子准备好迎接人生终点的到来，主流观点就是这样。大家也是想要保护他们，不让他们有负面感受。

绝望之痛

就算父母开诚布公地和孩子说重病之事，沟通也并不总能马上成功。某个7岁的小女孩，她大部分时间都乐呵呵的，尽管她患有成神经细胞瘤——一种脑部肿瘤。某一天，她因为剧痛被送医，但这种疼痛又无法用她的病来向她解释。结果，信教的父亲告诉她，如果她很快要死了，那也是上帝的意志。7岁的孩子觉得父亲早就接受了她的死。几天后，她好转了一些，对着父亲大喊，说他根本不在乎她会不会死。他崩溃了，两人抱头痛哭，小女孩这才意识到爸爸绝不是不在乎。疼痛很快就完全消失了，而之所以会出现剧痛，似乎是因为女孩和父亲之间的关系紧张到让她无法承受。尼特哈默尔说："父母也需要指导和帮助。对失去孩子的恐惧是非常可怕的。"

"死亡"这个话题在医学中受到长久的压抑，许多医生仍然能避则避，尤其是面对小孩时。看来弗洛伊德在《梦的解析》中的话还是很有影响力的，他说孩子应该"对腐败的可怕一无所知，不知道冰冷坟墓中的严寒，也不知道无尽虚无的恐怖"。按弗洛伊德的说法，孩子不怕死亡，而只是把死亡看作一种"继续"，所以根本无须和他们谈这个。

不把真相告诉孩子，可能更多的是家长和医生在自我保护。直到今天，医生也被要求不要把真实病情告诉小病人，或者轻描淡写地说，正如西雅图的儿科医生们指出的。[43] 文章的第一作者艾比·罗森堡说："家长想要保护孩子，不想让他们面对沉重的谈话，这可以理解，但如果他们能迈出那一步，孩子的需求就能被满足，恐惧就能被缓解。这样能更好地保护孩子。"

迪特里希·尼特哈默尔认为，医生不应违背家长的意愿对孩子如实相告，但他到最后总能说服家长，有时是在其他家长的帮助下，让他们明白其实孩子知道病情对孩子最好。尼特哈默尔说："不仅要告诉生病的孩子，还要告诉他的兄弟姐妹，这很重要，毕竟他们都是家庭的一部分。能看到出了事情，大家都很心烦。"生病的孩子通常也知道自己面对着什么。一个14岁的癌症患者在邻床病友去世后去拜访她的父母，后来她告诉医生："他们依然认为女儿一直不知道自己要死了，但其实我们之前谈过好几夜。"

不过，当病人病得很重、回天乏术时，许多医生也会感到难以承受、孤独无依。他们害怕要向病人解释，把无能为力归结为自己的个人失败，一些人的目标和动力会随之动摇和减弱。但对于无法治愈的病人来说，获得支持，圆满度过剩下的时光正是非常重要的。不知道有多少医生确实做到了拿出时间和共情：不仅向病人说明病情，还一直和他们交心，陪伴他们走过整个病程。

医患谈话中的重点

对于所有人来说，在谈话中不被认真对待或被忽视、略过都是一种排斥，有时甚至是一种很深的伤害。在医疗中，医生要关怀病人、真心对待病人，想其所想，共同抗病，这非常重要。这样医生才能体会到对病人重要的是什么、他们害怕的是什么，以及他们在那么多限制和痛苦背后真正想要的是什么。这些谈话带来的亲近和温暖比隐瞒不良预后和并发症能给予病人更多的信心。

但医生还是经常有意避免提及这些敏感的话题。吕贝克大学的医学伦理学家科尔内留斯 · 博尔克说："医学难以面对生命的终结，从医学的角度来说，之前的治疗取得越多成功，最终的死亡就越意味着治疗的失败。对癌症患者的治疗医生尤其如此：一般都会立刻采取激进治疗。这就值得思索：是谁想保护谁？到底是不让谁听到什么坏消息？”

艾比·罗森堡和他的同事们展示了医生可以如何告诉孩子们他们的病情不乐观。开场白可以是这样：“我们要说说你的病情，你想知道多少？”接下来可以说：“有没有什么我应该先和你的家长谈的？”另外，正如尼特哈默尔强调的，早点儿让孩子明白永远会对他们坦诚是很重要的。如果病情恶化，可以这样说：“你记不记得，关于你的病我一直都对你实话实说。现在恐怕有一些坏消息要告诉你。”

每个病人都有权知道自己的病情。医学伦理学家博尔克说：“对不良预后的处理曾长期被医学和医生方面的一种错解的‘家长主义’影响着。但时过境迁，一定不能让绝症病人知道自己死期将近，亲属也被教导尽力向其隐瞒的时代已经过去了。”

每个病人都应有机会按自己的意愿和想法去面对自己生命的终点。但被隐瞒就会导致病人无法调整自己的计划。博尔克说：“原则上这也适用于青少年，尤其当他们明显也有类似的想法时。重点不是以医学知识去理解死亡，而是以自己对生命的想法去理解死亡。为什么孩子就不能这么做呢？孩子可能更需要按他们的方式被充分告知，因为他们的生命被拿走得更多。”

但这并不意味着所有病人都一定要立刻承受不良预后的冲击，更重要的是在治疗中留出时间，创造机会，让病人考虑对生命的预期。尼特哈默尔说：“在任何年龄段，有人可以谈内心的恐惧都非常重要。”坏消息尤其需要消化，需要反复考虑、琢磨、慢慢沉淀。医生也应该清楚，预后只是一种概率性的估计，而具体的病人完全可能不符合预期，成为一个例外。

有不好的诊断要说明的时候，医生和病人之间的沟通并不总能成功。大部分医生没有受过这方面的训练，不知道该拿出多少同理心和真心，不知道能相信自己、相信病人到什么程度。一些医生出于自我保护而不愿太过投入感情，另一些则让人感觉他们不在乎病人的命运，用一位病人亲属的话说就是，带着“健康人的冷漠”。

德国《日报》前驻美记者彼得·陶特菲斯特讲述了他在慕尼黑附近的高廷肺科医院接受治疗的经历。医生向他宣布诊断结果时说：“您肺部得的是一个恶性肿瘤，很不幸已经扩散了。”[44]

陶特菲斯特觉得这一刻特别残忍。“K医生属于新一代医生，他们学过不要对病人隐瞒实情。他说话不带感情、直截了当，也不兜圈子，甚至可以说有点儿自负。现在回想起来，他说得好像那是什么好玩的事情、一个不可避免的意外一样，人人都可能遇到它，可以一起笑着聊起，或者应该付之一笑。这种调调可不是遗憾和同情。他完全可能说出‘我下午还要玩壁球呢，可不想让你毁了我的心情’这样的话。”

病人因为心中的愤怒将医生的行为描述得特别不近人情，但这种不加掩饰的描述也体现了，当医生毫不设身处地为病人着想时，病人会感到多么失落。对病人来说事关生死，对医生来说却不过是走过场，不需要投入太多感情，别太难过！

对病人来说，意识到自己不再属于健康人的世界，还要被几次三番地提醒，是十分痛苦的。因肠癌在2006年去世的罗伯特·格恩哈特曾以癌症为主题写了一组《癌之诗》，其中一首写道："昂首前进的人，他们不愿看见，跌倒之人的苦痛。'我跌倒了，有没有人能帮帮我？''害我自己也摔个脸着地？没事了，我们继续吧。'"另外他还如此描述过外科医生和病人扮演的不同角色："一个曾经是执刀者，一个一直是受苦者。"

治疗中的负面预期——往坏处想的力量

> 摔碎我的粉色眼镜
> 砸掉我的花园小精灵！
> 求求你，行行好
> 来毁掉我的完美世界！
> ——赖因哈德·迈，《安娜贝尔》（德语：Annabelle）

一个恶意的词、一句伤人的话，在日常生活中就已经能毁掉许多。当事关生死时，当自己的健康不保时，这样的话语就更有了无比强大的力量。医生一个怀疑的眼神、预后出现的伤人的用词，就能让病人的信心烟消云散，恐怕再也无法被救赎。自己的负面预期同样可以打击人。汉堡的神经科学家研究了哪些因素会影响反安慰剂效应的大小。[45] 所谓“反安慰剂效应”是指人足够相信某种东西或某个行为有害，一定会带来坏处，从而真的导致负面作用或其他不良后果。负面预期会导致病痛。

研究表明，相信手机有害健康的志愿者把一个假手机放在耳边时也会感到头痛、耳鸣、眩晕。另一项实验中，总有病人抱怨药有副作用，要求停止用药，尽管他们其实是在安慰剂组，吃的只是糖丸。亚历山德拉·蒂纳曼的研究团队给了49名志愿者一种止痒药膏，但其实里面没有任何有效成分。受试者被告知药膏可以止痒，但可能会导致对疼痛更敏感。一部分被告知拿到的是很贵的药膏，包装也很高级；另一部分拿到的是看起来很廉价的东西，是直接从管子里挤出来的。拿到“贵重”药膏的人后来报告灼痛的更多。反安慰剂效应随着时间推进会越来越强烈。

作者们写道：“昂贵的治疗会提高对效果的预期，正反两方面皆如此。”治疗或检查的可能疗效和可能害处都会因此被高估。高价的产品会被认为效果更好，于是副作用也更强。研究者们还展示了负面预期在大脑哪部分激活了疼痛感知，以及哪些信号通路尤其被利用了起来。对于临床、与病人打交道来说，这些安慰剂和反安慰剂研究的发现有很重大的意义。已知的是，参与实验的志愿者一旦被告知要停药，其症状就会加重，就算他们之前接受的只是安慰剂治疗，而这其中没有任何有效成分。

医学的毁灭性力量

因为疼痛或其他症状去看医生的人都希望得到缓解、安慰和疗愈。没有症状的则希望医生保证他后面不会出现什么症状。对这种安全感的渴望让很多人去看医生、验血、体检、做早期检查。寻求安全感已成为去看医生的常见动机。

但医学提供的往往不是安全感，而是不确定。检查和诊断手段越来越先进，就连很小的失常和偏离都会被发现，它们虽然并不致病，却会让医生烦恼，让病人难受。毕竟有一项发现在那儿，虽不意味着什么，但总需要进一步检查。

医生其实清楚，血常规有点儿不正常，核磁共振的片子上有个亮点，CT 片子上看起来器官结构有所改变，这些都没什么，但为“以防万一”，还是要几周后再全面检查一遍。医生认为这就是走个流程，病人却觉得自己在等待健康审判，毕竟还是“有个东西”，而且医生不是说了嘛，我们“再观察观察”。

这种过度求医只会让人不安，而不是让人安心。医学上，研究不明原因的发现叫作进一步检查，但经常会越查越不明白。这并不是因为人变得特别焦虑，而是因为医学的动态发展。

马里兰大学的卢瓦纳·科洛卡说：“反安慰剂效应对副作用、疗程，包括病人吃不吃药都有影响，所以一定要和病人沟通好，根据病人已有的负面体验和对治疗的期待来调整治疗。”[46] 要小心谨慎地解释可能产生的副作用，尽可能避免提到治疗的花费，但这在我们越来越以经济为导向的医疗体系中会比较难。

这是一个两难的境地。最近有研究表明，不少手术或内窥镜检查效果有限，甚至完全没有用。德国外科手术协会前秘书长哈特维希·鲍尔说："这就是象征性的手术。有时候我们动刀子只是因为我们想相信，病人也认为会有帮助。"这位外科医生称这种效应为"逻辑安慰剂"（德语：logischen Placebo），呼吁医生都对此斟酌一下。他说："乍听之下似乎也不难，但要看清某些手术其实没有帮助需要一个痛苦的学习过程。"

将信息告知病人，把事情和他们讲清楚，是一把双刃剑。这种两难与情感暴力的某些现象有很大的关系。毕竟许多病人将最后的希望寄托在手术上，深信这样病就能最终好起来。要不要让他们失望，告诉他们手术其实没用，把那微妙的效果就归结为安慰剂效应呢？

内容要点

- 医患之间的沟通很容易出现误解，因为病人通常恐惧又自卑，因此特别注意医生的话。每个医疗人员都应意识到：无心快语和想当然都会变成情感暴力。
- 要将重疾开诚布公地告知病人，不可对病人隐瞒不愉快的真相。医生在病程中把握病人想要多少信息才是合理做法。
- 如果没有达到治疗的目标，病人通常会感到自己很失败。他们会否定自己，否定自己的身体，不仅会因为生活方式不好而惩罚自己，更会以为自己一无是处。这种趋势越来越多地影响到并无疾病的人，他们强迫自己必须健康，一刻不停地监控自己的营养、睡眠、锻炼以及整个生活方式。
- 病人的预期在病程中有重要的作用。对痊愈或康复的希望占主导，还是绝望、放弃占主导，医生对此可有非常大的影响力，从而也参与决定病人的快乐与悲伤。在这些情况中，情感暴力，哪怕是无意的，给病人的打击也特别重。

Emotionale Gewalt

第十章

在社会的边缘：排挤和歧视

霸凌、恐惧、生病——受排挤的心理后果

学校组织下乡体验生活时，没有人想和他住一个房间，别人都已经找好室友了，他还一个人不知所措地站在那里。结果还得老师来干预，把落单的几个同学分到各个组去。大家一起玩的时候也不带他，他一出现在某个队的旁边，那个队就会突然停下来，不说话或者羞辱他。尽管受排挤在哪个年龄段都很伤人，但对孩子来说尤其残忍。被排挤不仅让心灵感觉到很大的压力，也会让人患上长期的心理和生理疾病。

英国的心理学家指出了童年时被霸凌会有什么样的毁灭性作用。[47] 伦敦大学学院的研究人员调查了1.1万多名11岁至16岁的双胞胎，记录了他们的生理和心理状况。研究表明，11岁时曾遭受霸凌的孩子日后更容易出现焦虑、过于冲动、抑郁、注意力缺失等症状，对他们的养育过程中也会有更多问题。

领导工作组的让-巴蒂斯特·潘戈说："我们通过以前的研究知道，被霸凌的孩子更经常有心理疾病，但对这其中确切的因果关系依然知之甚少。毕竟也可能是有些孩子原本就更加敏感，于是不能很好地面对这种压力。"研究人员既考察了拥有同样基因的同卵双胞胎，也考察了异卵双胞胎，以更好地确定遗传及环境、养育的影响。

环境、基因、原生家庭中对冲突和敌意的经验都会很大程度地与孩子是易被霸凌伤害还是可以毫无问题地应对有关。所以，如被霸凌者产生严重的心理问题，有关系的不光是他人的排挤和侮辱行为。潘戈说：“往好处看，被霸凌也能增强心理抵抗力。霸凌在大多数情况下确实意味着痛苦，但随着时间的推移，对心理的负面影响会逐渐消退，孩子会从不好的经历中走出来。”

除了已有的反霸凌、提高警惕意识项目，早点儿识别出哪些孩子特别易遭霸凌也很重要。因为有些孩子就算没有被霸凌，在大集体中就是不自在。他们避免社交接触，很快就被认为性格孤僻。这些孩子就是日后易受霸凌的人。研究作者认为，要有针对性地提高他们的抵抗力。这样，万一他们真的遭到霸凌，也可以避免长期为后果所累。精神科医生朱迪·西尔伯格和肯尼思·肯德勒认为，任何不稳定、在多方面易受影响的人都需要特别的保护。[48] 不过，令人感到欣慰的是，霸凌对身体健康和心理健康的影响在几年后通常会减弱。

比如，上述研究就表明，11岁曾遭受霸凌的孩子在两年后依然比未受过霸凌的同龄人更容易害怕，但其他的心理影响已逐渐弱化。遭霸凌5年后，大部分心理影响都消失了，但遭霸凌者在17岁时依然容易产生妄想，容易分心。

无法建立联系

13岁的卡罗琳总是穿着妈妈织的毛衣，对同学们的时尚毫无兴趣，课间就坐在角落里看书。她是一个好学生，别人问她问题她也总是乐于助人。

她是班上唯一没有手机的人，所以也不知道别人在WhatsApp、Snapchat、Instagram等社交软件上聊些什么。

她其实并没有影响同学们，但班上有个女生突然开始在网上说她坏话。她在班级群聊里说卡罗琳多么邋遢，还有其他许多恶意的言语。好几周内，卡罗琳根本不知道这些谣言越传越恶毒，直到霸凌在手机里暴露。

同学们道歉，始作俑者受到惩罚，但不久之后卡罗琳还是转学了，因为她无法和这些同学整日待在同一间教室里。

据世界卫生组织估计，世界上有30%的儿童曾被其他孩子霸凌或被以其他敌意方式对待。许多儿童能很好地应对，有些则出现暴力、自杀等行为，日后在学校产生的问题更多，更容易出现心身症状，自尊心更弱。不容忍霸凌很重要，而同样重要的是识别出那些特别容易遭受霸凌且抵抗力不够强大，所以需要更多帮助的人。

“他归你们。”——学校和社团里的霸凌

踢踏踢，踢踏踢，两个孩子在操场上比赛谁能踩到对方的脚。其中一个赢了，就可以优先选人组队踢球。大家都知道怎么来：你选一个我选一个。当然，跑得快的、球技好的，有时甚至是最受大家欢迎的都会被最先选走，两队各有几个这样的人。所以一开始并没有什么问题出现。

但不一会儿，情况就变得让人难堪，尤其对那些还没被选中的。他们别扭地站在那里，像一群没有人要的怪胎：体育不好的、戴眼镜的、胖的。有时候某队的队长会说得很不好听：“那两个㞞人归你们。”或者：“胖子和你们一队。”

体育不好或者明显超重的人很早就会被欺负。在学校里大家就习惯欺负胖子，取笑他们的体形，不带他们玩。他们被戏弄、被殴打、被同学嘲笑。运动时尤其明显，孩子们在课间或放学后不受监管地玩耍时也一样。

不想玩躲避球

“你们女孩跑步时，大腿上的肉怎么都一抖一抖的？”躲避球游戏中一个女孩被球砸中时一个男孩问道。体育课上男女混合玩这个令人害怕的游戏时，他就会说这些讽刺人的话。卡伦·杜芙在其小说《那不是情歌》(德语：Dies ist kein Liebeslied)中就描写了这一场景，并说女孩可能会一再经历这种挖苦。她写道：“当然，你不会因为有一个男生质疑女性结缔组织的功能就突然失去自尊。人不会突然之间就对自己的外表和价值失去自信，而是在一段较长的时间里一点一点地失去。”

这种被审视从而在身体上被鄙视的经历，可能很多女性都有过，不少男性也是。尤其是在青春期，身体处于发育阶段，胳膊和腿可能都像火柴棍一样不协调，这时男孩女孩都要适应不断变化中的身体。

他们对自己都还没有正确的认识，又要如何了解自己的身体并对其充满自信？很少有人一开始就能做到，所以在这个阶段，来自同学的欺辱会伤害到还很脆弱的心灵。其实并不是每一句话都出于恶意，但还是能永远印在脑海中。

在卡伦·杜芙的小说中，老师不让女生把这些羞辱抛诸脑后，又羞辱了她们第二次：在下一节课时带了一只秤到班上，让学生称体重，还出了许多道数学题，其中包括：最重的5个女孩的平均体重是多少？

上面这个又进一步强化排挤的老师似乎特别恶毒，但就算是出于好意鼓励学生减重的校园活动，也未必总能有想要的效果，实际上班级参加这样的项目时，学生尤其会遭到霸凌和排挤。隐藏在此类项目之后的信念通常是以贬低促教育。超重者轻易被认为缺乏自制力，不够积极主动，不然肯定会是另外一个样子；他们缺乏让自己振作起来的意志力，这不仅是形象问题，在道德上也要谴责。

对于知道自己在活动中通常都是最后才被选的孩子，这种选择令他们感觉很丢人，但不仅是他们，许多水平中等的孩子也和其他人一起焦急地期待着，希望自己不要快到最后才被选："我会被第二个还是第三个选中？还是我要和那帮最差的一起等到快结束？"

这是一场奇特的划界仪式。本来大家都站在一起，突然就只看你一人的体育能力，你不禁自问：自己对队伍来说到底是有帮助还是只是个负担？答案马上就会被揭晓。对等级、排名、在他人之上或之下的适应很早就开始了。

一直在"食物链"上方，总是最先被选甚至属于"选人者"的人，恐怕根本体会不到这种糟糕的挫败感。其他人则常常会痛苦地记得自己满怀希望地向前挤，跃跃欲试，希望能为胜利贡献力量，结果很久之后才叫到自己，自己只能品尝这早早失败的苦涩。

肥胖歧视

医生也有偏见，对病人做不到一视同仁。这对病人来说不美好，而且也不符合希波克拉底誓言，尽管现在医生也不再发这个誓了。医生也是人，会觉得某些病人更好，遇到让人不愉快的病人，他们很快就会转给不受欢迎的同事，或用其他方法尽快将其劝出诊所。医生并不是总能保持必要的职业距离，这对某些病人来说是不利的。

比如，很多医生就不喜欢肥胖的病人。外科医生害怕腹部的"脂肪围裙"，因为它会妨碍对内脏的手术。内科医生认为，肥胖会导致多种危险的疾病，比如糖尿病和血管钙化，并经常以为病人之所以肥胖，是因为管不住自己，不仅控制不住自己的身材，也掌握不住自己的生活。关于公开或下意识的肥胖歧视会有什么后果，美国心理学家已经讨论了多年，结论是其对身心都可以有很大影响。

"肥胖歧视"会将许多缺点不公平地归到任何胖人身上，有时甚至是任何身材普通、没有锻炼得很好的人：懒惰、贪图安逸、行动迟缓、不注意形象、体味难闻，而且还缺乏动力。他们会被嘲讽为"肥胖""有糖尿病""愚蠢"，因疾病和外表而受到责难。

康涅狄格学院的心理学家琼·克里斯勒说："在医疗中，对超重病人的不尊重举动会让病人感到羞愧。就算那些话意在激励他们去改变生活方式，甚至很可能是出于好意，但对于病人来说，这就是纯粹的压力，可导致他们讳疾忌医，拖到太晚或根本就不再去看病。”

但超重的病人就算及时就医，也并不总能得到恰当的诊治，相对于正常体重者，他们经常被区别对待。肥胖者还经常被排除在医学研究之外，那些研究结果，比如药物的正确剂量，就无法适用于他们。最近的研究表明了这会有哪些负面作用：抗生素甚至癌症化疗的处方剂量对超重者来说经常不够，导致这些患者无法得到有效的治疗。

体重歧视

肥胖不仅在医学上受歧视，朋友之间也会拿胖子开玩笑，虽然并没有恶意，但被嘲笑的人也不一定会觉得有趣。在职场中，超重者也会遭受许多敌意和歧视，他们更难找到工作，会被认为能力差。

让我们来看下面这个情况：两个求职者教育经历一模一样，成绩差不多好，从纸面上看来同样适合正在招人的职位。其中一个身材匀称有型，业余时间喜欢参加铁人三项；另一个身高1米82，体重130公斤，说自己喜欢追剧。那么哪一个会被选中？

许多研究告诉我们，瘦的求职者比胖的求职者更受偏爱。

在食物丰富的国家依然能保持匀称体形的人，简直就是节制、自律、积极等美德的化身，胖子则被认为懒惰、缺乏自制力，而这种对待身体的态度会被转移到工作上，尽管从这两人之前的资质来看，没有任何理由这样认为。然而，事实可能是，喜欢参加铁人三项的那个因为训练太累，反倒不如那个喜欢在电视机前坐着的花在工作上的力气多。

在临床上，对超重病人和正常体重病人的态度也有惊人的不同。克里斯勒说："研究表明，肥胖的病人经常只是被劝说减肥，而正常体重的病人会更快被要求做CT、验血、进行物理治疗。因为体重不同而对同样的症状采用不同的检查和治疗，这不符合职业道德要求，甚至可以说是医疗事故。"

超重病人的疾病有可能不会被认真对待，这种风险是存在的。因为其症状很容易被归咎于肥胖，因此病人不会被要求对其做进一步检查，问题的真正原因也就不会被找到。最近，对300例尸检的分析报告表明，肥胖者比起正常体重者，其疾病被漏诊的概率高65%，其中包括肺癌、慢性炎症性肠病、心脏病等严重疾病。

肥胖者基本都发展出了一种敏锐的感觉，能觉察到何时自己的体重在医疗中被鄙视了。他们不仅会在医院里，在许多情况下也都能看到那种鄙夷的眼神，受到歧视性对待。克里斯勒说："这种态度可表现为'微歧视'，比如医生或护士不想触摸病人的身体，或者看到病历上的体重时直摇头。时间一长给人的压力就很大，并会增强羞辱感。”

心理学家莫琳·麦克休指出，医学经常狭隘地将肥胖视作一种疾病，减肥就是唯一的疗法。她和克里斯勒都指出，没有任何研究数据表明，体重到多少就一定算是不健康的超重。许多分析倒是表明，稍微有点儿胖是健康的，轻微的超重应被视为理想体重。另外，上述的狭隘观点会导致基因、饮食习惯、压力、贫穷等其他可能致病因素被忽视。对体重的过度关注也导致超重成为校园霸凌的最大起因。

苏黎世大学附属医院的内分泌专家费利克斯·贝斯林说：“肥胖当然和营养摄入过多有关，总之是比需要的多，但基因对胃口好、感觉吃不饱也有作用。还没有人知道，遗传对那些总比别人吃得多的人究竟有多大影响。”他表示，将饮食行为和随之而来的超重仅仅归咎于缺乏自制力、意志薄弱，显然是太武断了。

一再羞辱肥胖者从医学上讲是不公平的，不仅很伤人，甚至还会让人生病。麦克休说：“对肥胖者的羞辱会严重影响到他们的心理健康，而这又会导致身体疾病的产生。”

医学教育中要做的还有很多。医生、护士、心理医生要及早准备好诊疗超重的病人，要意识到各种显性或隐性的歧视。科学家们的认识是统一的：治疗最要针对的是身心健康，而不是体重。

“向你看齐。”

有些人真的可以称为“占位大师”，他们一定要挤到中间位置，或至少靠近中间的位置，一旦占据了就不挪动一丝一毫。在政治中这很常见，在党派和内阁的谈判中，在媒体吹风会上，这种人更是会往中间靠，紧挨着领导或正对着领导。这种层级斗争的标志是一旦占据中心位置绝不挪动，就算有别人加入，毕竟，这是权贵圈子里最受保护的位置。

不是所有人都像特朗普那么粗鲁，他在2017年的G20峰会上把黑山的总理从第一排推到了后面，因为只有他，特朗普，才能占据中心位置，而不是那个他连名字都叫不出、来自他之前几乎都没听过的小国的人。世界上最强大国家的总统显然不能屈居第二排，让位给某个不知名小国的领导人。

看着这种“政治芭蕾”，会意识到位置和距离权力中心的距离有多么重要。政党赢得选举或失败之后，都经常能看出谁离总统的位置又近了一些，谁拉开了距离。等级制度在站位上就能体现出来。这不禁让人想起动物王国里的统治行为：头狼走在狼群的最前面；整群大猩猩都跟着那个银背的首领。

就连多年的“巴伐利亚之王”霍斯特·泽霍费尔也是，他将近两米的身形总在照片中让别人相形见绌，利用身高的差距来表明权力的差距。2015年的基督教民主联盟大会上，他更是大胆运用这种技巧，让安格拉·默克尔在他的讲台边等了十分钟。她就像一个在教室角落里罚站的可怜小姑娘，不得不听着他对难民危机滔滔不绝。外界对此的评价一致是没规矩，令人尴尬，不讲礼貌。

就算不涉及这种明显的公开权力展示，泽霍费尔也很在乎自己的位置。党内开会时，他不会按摄影师安排的那样站在后面或和身高差不多的站在一起，而是通常就站在默克尔旁边，凸显三十多厘米的身高差，至少让身体上的压制显现出来。

《明镜》周刊的记者迪尔克·库尔比尤维特在讲述基督教民主联盟政客菲利普·密斯菲尔德的专题中提到了一个令人警醒的例子。密斯菲尔德2015年去世时年仅35岁，这位政坛新秀将自己的政治前途大部分押在和默克尔有多近上。他总在她旁边，她偶然看他一眼，对他来说这就是成功的一天。库尔比尤维特写道："密斯菲尔德的计划是这样的：如果她高兴地向他问好，他在党内的名望就会上升。如果她无视他，快速走过，那他就尴尬了。"

这让人想起人尽皆知的老旧仪轨：有人站在群体之外，不被群体接纳，大家肩并肩，不让他进入他们的小团体。根据性格和敏感度，这种压制行为可在各种本应无害的情况中观察到：在操场上、在剧场大堂里、在同事圣诞聚会上，或在公共招待会上。

当主教看见红色时

卡尔·莱曼（1936—2018），美因茨主教，从1987至2008年担任德国主教大会主席长达20年。但这位相对自由派的主教在罗马不怎么受欢迎，也许是因为他对改变表现得太过开放。很长时间里他应该都有这种感觉，因为将近15年间所有的升红衣主教机会都故意不考虑他。

天主教会发明了礼拜仪式、符号和丰富的手势语言，或至少是许多世纪以来决定性地形成了这些，因此在天主教会中这样刻意的侮辱应该是昭然若揭的：德国的其他主教都稳步上升，科隆、慕尼黑、柏林的主教都披上了枢机主教的红衣，而他们德国主教大会的主席，作为德国主教的“首领”，在天主教神职体系中应该有仅次于“教皇”的职位，却还得穿着相对平凡的普通主教的紫衣。直到2001年，在耐心等待了14年后，卡尔·莱曼才终于升任红衣主教。

就算在日常生活中的普通时刻，有时也会形成团体，体现归属，不那么轻易地让初来乍到者进入圈子。“总得讲个先来后到吧”，这种态度很容易变成排挤，转变非常流畅。从站在一起时自然而然的排位、同类抱团到侮辱性的排斥，真的只有“一步”之遥。

羞辱陷阱——选秀和无耻的评委

许多人在很长时间以后依然对伤害他们特别深的情景记忆犹新。那种侮辱还是一再出现在脑海里，尽管已经是很久之前的事了。这种侮辱常常来自贬低和不公正的评价，在青少年时期这些尤其会让人无比沮丧。不幸的是，也正是在这种学习时期，考试和评分是常有的事。不仅有学科考试，还有其他各种考试，游泳证、体测、驾照都要考。终于有一天，所有的都考完了：毕业证、职业资格证、学位证都拿到了，考试总有尽头。终于可以消停一会儿，不用再在走廊里踱来踱去地等待，再带着汗湿的手和狂跳的心在考官面前背出心中所学。

但这几年来，越来越多的人给自己强加额外的可怕考察，自愿或不自愿地承受他人大部分是否定的评价。其中自愿的情况包括承受各种选秀节目中吸引眼球的折磨。

只要潜藏的才华被发现并展示出来，就能迅速走红而不用经过多年艰苦的训练和学习。一夜成名是这种选秀背后的巨大诱惑，面对这样的许诺，以年轻人为代表的人们甘愿接受评委的评判，而这种评委通常既自大又喜欢打击人。醉心于唱歌、跳舞、化妆或其他才艺的选手现在要被评判到底有没有市场、有多大的市场，于是失误和缺点会被无情地揭露出来，有时选手引以为傲的表演也会被说成平平无奇甚至一文不值。

这类选秀的看点在于评委，他们用一种特别恶毒刻薄、居高临下的语气直截了当地告诉选手其才华有限。而观众有窥视欲，爱看别人受打击的热闹，这就是这类节目收视率高的原因之一。身体和心理都明显尚未完全成熟的年轻人就得听着别人说他们太胖、太瘦弱、动作笨拙、唱歌难听、跳舞难看。有时选手的自我评价和实际情况之间的差距确实惊人地大，但这也不代表能够直白无情地指出来，毕竟从业余爱好者到流行巨星的路很长，演唱肯定还有可以提高的地方。

评委的贬低是这类节目的基本元素，大多数参与者都会毫无怨言地接受那些打击人的评价。特别吓人的是，选手还会礼貌地感谢评委给出了宝贵的专业建议。说起来，这类节目是要帮助年轻选手在职业道路上前进，但其实更多的是为了让评委滥用权力，让观众幸灾乐祸。这是很明显的，但通常被美化或掩饰了。

您的意见对我们很重要!

另一种更常见的批判也遵循资本主义剥削的逻辑，但没有人自愿去承受，受害者都是被强制接受这种过度的评判：现在住酒店、订火车票、去餐馆吃饭甚至用一下公共厕所都免不了被要求给个评价："您对我们的服务是否满意？我们还有什么可以改进的地方？您的意见对我们很重要。请您花一点点时间留下您的评价。"

按照不同的标准，从各个方面给出1到5颗星，或者加分减分，这样酒店的清洁人员、大学老师、医院医生就会清楚地知道他们的工作完成得有多糟糕，亟待改进。

有些打分平台创立的出发点是好的，就是想让服务更友善一点儿，尤其是德国这种服务业。面对价高质差的商品常常感到无力的客户和消费者终于被赋予了一点儿权力和话语。但消费者点评论坛早就变成了抹黑、恶意差评之地，咒骂变成了常态而非例外。学生、病人、消费者的报仇有时根本没有界限，尤其因为可以匿名发言，所以话也说得更重、更打击人。发言者不可能被指控，所以就算随意给出不公正的评价也不用害怕：终于不再无力了！

这种不管是在美食、旅游还是出行方面时时刻刻给评价的现象，被苏黎世的精神病学家丹尼尔·黑尔称为"羞辱陷阱"，需要一再小心避开。“您的意见对我们很重要”，这口号听起来很好，因为把消费者放在了前面，但其实只是勉强隐藏了实际情况：不是为了满足消费者的需求，而是为了责难、规训下属。不是上级批评下属，是顾客，而顾客就是上帝。

你看看，你的表现不够好，这样可不行。这次的评价太差了，将来一定要提高，否则就会有后果：表扬少一点儿，奖金少一点儿，认可少一点儿，什么都少一点儿，或者更多的工作和投入。这就是资本主义“规训与惩罚”的逻辑，法国哲学家米歇尔·福柯的一部著作就以此为题，而这类点评平台的运行方式就类似他著作中描述的那种监狱——按“全景监狱”模式建立起来的那种。在这种监狱中，牢房绕监控塔围成一圈，从上到下排成几层，囚犯由于随时可被监控，所以会预先规训自己顺从。对差评的恐惧与此同理。

点评的填写通常很随意，这与受评者可能遭受的严重后果形成了奇怪的对比。同时，点评也发出了一个许可：从此以后，上级可以永久评判下属，可以因他们表现不佳而指责和羞辱他们。

精神病学家黑尔写道：“羞耻感也显示出一个人的自尊有多依赖他人。长期封闭自己以躲避羞耻感是没有用的，因为不可能躲过他人的眼神，人将他人的眼神内化并因此而自我羞辱，受辱的情景会一遍又一遍地复现。”[49] 所以就算不用听、看别人对自己的评价，也很难避开羞耻感。因此，黑尔说，私下里借饮酒、抽烟、暴食等方法来麻痹自己、压抑感受没有什么意义。这只会阻碍自己的心理发展，更不用说还会造成各种心理的和生理的疾病。

差评文化在公共领域和客户争夺战中已经发展到了惊人的地步。

这就导致早就有公司可以在多个平台上刷好评，打包价几百欧元。不管是酒店、民宿还是诊所，只要给得够多，在相关平台上都可以突然变成全5星好评。

这证实了持怀疑态度的顾客一直担心的：这些评价都不可信——无力者和被压迫者终于通过抨击和恶评感觉到了强大，而因此受伤和被贬低者就以买来的赞扬和虚假的好评来回应。

内容要点

- 很多地方都存在排挤、歧视、霸凌，这些在学校和职场等环境中的影响尤其大，因为无法立刻离开，而且通常还需要忍受与之长期共存。在网上传播他人照片、造谣等让这种危险更甚。
- 超重者会被歧视，尤其在体育运动中和学校里。但在职场中也一样，超重者很容易被视作贪图安逸、缺乏动力之人，面临晋升机会或有新职位时，他们被选中的概率就低一些。
- 选秀节目中人们自愿承受他人的批判。窥视欲是这类节目成功的一个决定性因素，批评和贬低都是计算好的。
- 对服务进行评价是“羞辱陷阱”，很难避开，从清洁工到医生到教授，几乎所有事、所有人都要被评价。其结果是持续的被监视感，而惩罚、批评、扣钱通常也会随之而来。

Emotionale Gewalt

第十一章

感受资本

当强求和不安让人生病时

柏林夏里特医学院心身科主任马蒂亚斯·罗泽说:“在一个快速运转的世界里,个体被要求有很强的适应性,于是有些人担心人与人的联系会因此丧失。”另外,很多员工被降级为“人力资本”,很难感受到“他们对于公司成功的贡献”,反而越来越多地体会到那种打击人、让人生病的无价值感。在过去几年里,心身医学越来越详细地明确了职业压力和危机如何导致慢性疾病,以及哪些生理机制可能在其中起作用。

英国的社会流行病学家理查德·威尔金森搜集了许多证据来表明收入和教育方面的巨大差距如何影响人口的健康。公平的国家不仅预期寿命长,治病负担小,生活质量高,发生犯罪、辍学、吸毒的概率也更小。

二十多年来,瑞士的医学社会学家约翰内斯·西格里斯特多次证明了职场中令人惶恐的压迫和不安。缺乏认可,得不到上级的支持,担子却越来越重,现在几乎所有层次的职业都是这样,而不仅是那些朝不保夕的工作。

就连经理和其他的高管也早已不再能保住自己的位子。这种“阶层不安”对健康有很大影响,远不只是长胖和酒精消费变多:得不到认可导致背痛，长期的不满足和工作负担过重导致急性心肌梗死和脑卒中，长期的压力导致炎症，这些健康问题又会反过来影响心理健康，从而形成恶性循环。现在看起来，工作不稳定、压力、疾病之间的联系似乎已为人熟知，但医学社会学家西格里斯特提醒我们，这种认知相对来说还是很新的事物。直到20世纪90年代末，第一批关于工作中的不满足感导致患急性心肌梗死和抑郁的风险升高的流行病学发现才发表。那时，心血管医生们还高呼：一派胡言，这种“软性心理因素”能致病?

哲学家迪特尔·托梅生动地描述了个体在现代社会中会感觉多么撕裂。“从头脑到灵魂”，社会使个体在这两者之间来回拉锯，不停在权力和无力之间摇摆。一方面，个体会不停被告知某个决定是“别无他法”，在约束条件之下没有别的选择。这不仅体现在默克尔身上，更可以追溯到撒切尔夫人身上。托梅说：“被剥夺了权力的个体感觉被约束在一个越来越小的操作空间里，这就会让人生病。”

另一方面，拒绝墨守陈规的创新者，持有自己天马行空的想法，不遵守任何的旧习，对惯常的事物很快就会感到厌倦，想法和别人不一样，做法也不一样。然而，“不同凡‘想’”（Think different）、“做你所不能”（Do what you can’t）这些广告中常见的对打破条条框框的呼唤，变成了一种与现实相矛盾的强迫——我们提倡“做你自己”，但要人不发疯，或至少不失去心理平衡地做到又怎么可能？接受并服从于那些不可改变的东西，同时又极力去改变环境、改变自己？能经受如此矛盾的严苛考验，还能保持心理稳定、身体健康的人，那真是非常幸福了。

托梅说："个体在这两个越离越远的原则之下奋斗，把自己搞得筋疲力尽，然后就可能发生心理上的力竭崩溃。这是一种非常棘手的状况，受害和荣誉混在了一起。"因为要求越来越矛盾，同时也越来越具强迫性，所以看似舒适的中间道路变得难以触及。平衡越来越难。

幸好，支离破碎的人依然有出路。立足于"责任环境"，但依然感觉到自己的行动力和行动效果，不仅会让人更加满足，还会让人明显变得更加健康。相信这一点的不止托梅一个。

对于医生来说，这意味着要对人提供全面的诊疗，不将人降为功能性的个体，而要从其所处环境去看，这和现在以技术为主导的趋势相反。海德堡大学的托马斯·富克斯用一个既简单又令人信服的例子说明了这种挑战：如果只关注视网膜、视神经传导、枕叶视觉中心细胞的信号传递，就无法再看到一个人友善的眼神或因为恐惧而睁大了眼睛。

富克斯说："对细微之处的研究无法重构人们的生活。"他表示，要探索生命就要参与生命，这比任何的脑部扫描都重要。只有这样，疾病才能被认知出原本的另外一层含义：人际互动的疾病。人际关系的这方面含义在医学中越来越有消失的危险。

希莉·哈斯特维特等作家从这个扩大了的视角去看人，看他们的经历和健康状况，从而发掘出当代生活现实很合乎逻辑的重要方面。她既从文化也从神经科学中汲取灵感，早就为那种抽象的、剥离的、技术性的、与外界越来越没有关联的身体观感到遗憾。她记得，作为一个偏头痛患者，当治疗不见效果时，医生和护士越来越要求她有一个病人该有的样子，但她做不到。哈斯特维特说：“机械性思维及机械化的比喻统治着医学，但我们不能脱离环境去看任何一个人，当然也包括任何一个病人，就连基因脱离了环境也什么都不是。”

医生和职员、政治家和科学家，都有足够的理由去贯彻心身方向的医生和社会科学家早就认为是健康、有生产力的东西，包括建立更加自由同时更加可靠的工作模式，实现社会参与和公平公正。

与此同时，也要呼吁个体不要沉湎于受害者的角色，而是要放弃习得的无助。最重要的是探索自我效能，并与之保持联系。这种认知并不新鲜，但随着时间逐渐黯淡了。早在1623年英国诗人约翰·多恩就认识到：“没有人是一座孤岛。”他正是在病中写下这些诗句的。

矛盾的生活——要真实，但请笑口常开

谁也不会在走廊里方便，因为人已经学会了控制自己的身体废弃物，也学会了控制自己的冲动，至少大部分时候是如此。控制冲动也包括压抑过于强烈的情感起伏，就算想也不能不顾时间地点地放声大哭。大多数情况下，自由抒发自己的情感被认为是不合适的。

但同时人又被期望真实、诚实地展现自己到底是什么样。运动员不仅要表现出感情，还要主动谈感情。政客不能只是演讲机器，还要有人性的一面。找到平衡很难，有时会错得离谱。传统的头脑与心灵、理智与情感二选一早就行不通了，这对大部分人都不好。

一步之遥——当政客想要呈现真正的自己时

马丁·舒尔茨，这位2017年德国社会民主党党魁、不走运的德国总理竞选人，答应《明镜》周刊记者马库斯·费尔登基兴做一期专访。后者想跟随舒尔茨较长一段时间，以了解真正的他是什么样。舒尔茨及社会民主党在联邦议院选举中一败

涂地后，文章发表出来了，舒尔茨不得不承受许多嘲笑和恶意，而费尔登基兴则拿了新闻奖。舒尔茨正是做了公众一贯要求的：展现自己人性的一面。可能我们的政治家们也不能太人性了吧。

安格拉·默克尔也有过非常类似的经历。2015年，她见到一个正在哭泣的难民小女孩，想要安慰安慰她。估计默克尔也是想要呈现真实的反应，因为知道做其他的都不合适，只会显得她不近人情。结果场面很尴尬，“做真实的自己”真正地适得其反了。

有很多职业，其从业者只能表露出某些被期望的感觉，压抑掉其他的。比如，空中乘务员永远都要友善，对醉酒乘客的愤怒、对粗鲁乘客的不满只能留在心里，而且就算不想笑也得继续微笑。护士和护工在工作中不能表现出嫌恶之情，也不能显出被每日的工作累垮的样子，他们必须继续干活儿，对那么多有需要的患者尽量做到有求必应，就算他们已无力招架。

老师也是一样，其他许多职业亦然，只表现出某些情感而压抑住其他的就是工作的一部分。[50] 女性尤其会被期待在工作中表现得体，就算怒火中烧也要保持友善。不过，有时也不是要友善，比如法警、告知员工被裁的人事经理或上级，都得不动声色，尽量不流露出感情，就算被某件事打动、感到遗憾或可惜，也绝不可以表露出来。

据估计，现在有至少30%的职业男性以及多达50%的职业女性，工作在需要压抑或至少想办法排解自己感受的职业环境中。社会学家伊丽莎白·贝克–盖恩斯海姆称这种对感受的不停掩饰为“感受杂技”（德语：Gefühlsakrobatik）。对许多人来说，这已成为一场无须质疑的假面舞会，他们要不停在职业和私人感受之间来回转换。这种“感受管理”在日常生活中会耗费很多力气。

佩尔·默特萨克和球员的感受

比赛刚一结束，球员还大汗淋漓、气喘吁吁时就要回答问题：觉得比赛怎么样？以弱胜强是什么感受？大部分时候，球员会回答“疯了”之类的，或者找不到合适的词，这太可以理解了，并不是因为他们不善言辞（当然有些运动员确实不擅长表达），更多是因为问题太过，大部分人会觉得在百万观众面前袒露心声很奇怪。如果球员真的说了心里话，刺激性也是很大的。曾104次以德国国家队球员身份出战的佩尔·默特萨克就曾在2018年3月表示，职业生涯中他的压力曾如此巨大，以致每个比赛日前他都会腹泻，开赛哨声吹响时还会剧烈干呕。他的无情讲述揭开了足球这桩亿万生意的阴暗面，但在足球界的大部分地方是不受欢迎的。也有其他职业球员表达过类似的意思，比如西班牙“神脚”安德烈斯·伊涅斯塔和拜仁的马

茨·胡梅尔斯，但有些评论员和前职业球员表示不理解，并认为默特萨克给年轻人树立了一个坏榜样。

如果被要求一直隐藏自己的内心感受，这是否已经算一种情感暴力？所感受到的和可表露的之间的割裂会导致什么？这种对自我感受的长期异化是不是就像对自己的慢性暴力？如果每天都要小心翼翼，注意不要显露出太多的自己，那还有没有能力再展现“真实”的情感？

许多人每天都被要求整理好各种感受，所以这变成越来越常用的策略也就不奇怪了。情感勒索、“能量吸血鬼”等概念就说明了人在私生活中如果一直被要求共情也会受不了。但如果明确表露某些情感而压抑另一些是职业要求的一部分，那真实的感受就会变得“稀有”，而且许多人在不确定是不是真情实感时，宁愿把这些情感放在心里。

内容要点

- 公司需要的合格雇员既能可靠地完成工作职责，又不要问一些根本的问题。但同时又要求他们有创意，有天马行空的想象力，能发展出新的概念，找到创新的解决办法。在这两极之间的操作空间越来越小，这种重担就是情感暴力，长久下去会致病。
- 人长期压抑并因此产生了心理封锁会有什么社会后果尚不清楚。受困的心灵属于社会多数者的话，就要当心歧视、种族主义、仇外的趋势。
- 许多职业要求人只能表露出某些情感。如果这种“感受杂技”统治了日常生活，个体就很难将“真实”的情感和表演出的情感认识清楚。
- 公众人物通常被要求“真实”表达出自己的感受。但当他们真的这么做时，又经常不被认同，因为公众似乎只想从他们身上看到某些情感，否则就会厌恶他们。

Emotionale Gewalt

第十二章

加害者和受害者

每个人都有各种基本的情感需求：要安心，需要安全感、保护和爱，所以想要与人亲近；同时想自由独立，于是又需要与人保持距离。

如果顺利度过童年早期依附期，就能发展出既能时常让人亲近，又能独立自主的人格。如果不顺利，保护过度的父母限制孩子逐渐苏醒的对世界的兴趣，就不会培养出自信的人格，而会培养出怯懦、黏人的人。父母不在孩子身边当然也是会有问题的，这样的孩子更经常变得以自我为中心，拒绝帮助，且有抑郁倾向，心理学家称之为“关系逃避者”。

而一直惩罚孩子甚至打孩子的家长因无法给孩子提供任何保护，使得孩子被过度接近反而会导致创伤。孩子很容易被他人或威胁刺激到，通常具有混乱型人格，打理不好生活。

受到故意为之的心理伤害之后，感受到的痛苦程度因人而异，且相差极大。没有可靠的度量，也没有“硬性”的科学标准来衡量某种伤害对心理的影响有多大。因此，对别人的痛苦轻描淡写地说一句“也没那么严重”，既不合适也很越界。痛苦是主观的，生理上如此，心理上亦然。

对于潜在受害者（任何人一再经历创伤估计最终都会生病）和某一类潜在加害者，应激性是一个风险因素。如果某人很易怒（很多加害者皆如此），那就可能是抑郁的早期症状，尤其在男性身上，这也会增强实施情感暴力的倾向。另外，日常生活的顺利程度也参与决定了人是否会成为受害者、如何成为受害者。在某个时刻，个体界限遭逾越，受影响者在自己的心理和生理反应中能察觉到！这时就需要快速得到帮助和建议，不要让这些症状生根，变成慢性病。

对于曾遭受情感暴力的人来说，这不是一个愉快的话题：医生和心理学家一再指出，某些人格特征会使人特别容易成为情感暴力的受害者。还有一种心态也会让人更容易成为受害者，那就是一直觉得自己被伤害、被忽视而认为他人有罪责。如果日常烦恼不断，或导致了特别大的压力，那可以说，自己的人格倾向对此至少有和他人行为同样重大的意义。

以霸凌为例：在大部分案例中，表示遭霸凌者其实对问题的出现肯定也有一定的责任，有时甚至和他人的责任一样大，只是他们自己故意忽视了。这里可以包括神经质和一定程度的自恋。有明显神经质表现的人易受刺激，容易紧张，心情起伏大。他们经常显得不安、畏惧、忧郁，对压力和变化很敏感。这些性格特征越强烈，人就越容易感觉被冒犯、被忽视。抑郁倾向也有影响：抑郁倾向越强，越容易对别人失望。

压抑下的攻击

儿童精神科医生和心理学家早就描述了仇恨和情感暴力产生的一个可能机制。当孩子突然把怒气转向家长时，家长通常都会很震惊，毕竟他们都是好意，而且为了孩子什么都愿意。然而孩子从1岁起就可能憎恨父母。生于1928年的纳粹大屠杀幸存者、费城精神病学家亨利·帕伦斯说："孩子最先恨的是父母，这真是太棒了。"他这么说并不是挑事："被恨还乐意照顾人的，除了父母还能有谁？"

不过，在帕伦斯看来，这种早期的仇恨也容易导向日后的毁灭性行为和歧视倾向。他说："对母亲生气的孩子不朝母亲扔东西，而是朝坐在母亲旁边的那个人扔东西。"当然，也有直接朝父母动手的孩子，不过他们很快就会看出，寻找比自己弱的或者至少不会防卫的动手是一个更有效的策略。人很快就能学会不把愤怒发泄在引起愤怒的人身上，而是寻找更容易对付的受害者，这在许多冲突中都可见到。愤怒与仇恨很快就被转移，找其他人当替罪羊。这是历史上反复出现的一种模式：很少是真正引发愤怒者被攻击，大部分时候都是最弱、最无力防卫的人无辜遭到攻击。

当今欧洲有越来越多的极端政党，与这种发展明显并行的是，感觉被压迫、被忽视、不在社会阳光面而被算作失败者的人，会把攻击对准抽象的敌人——外国人、犹太人。这些人与他们的问题不一定有直接的关联，但要让这些容易下手的受害者为他们的悲惨负责。这既不理性，逻辑上也说不通，比如萨克森州的仇外情绪最严重，但生活在那里的移民其实最少。可惜，这种心理机制最管用，正如其他许多歧视和压迫表明的。

但毁坏性和偏见不是天生的。其实每个人都可能去攻击和破坏，但这些特性需要心理伤害、不断的贬低和侮辱来激发。帕伦斯说："孩子被羞辱的话会特别受伤，他们会因此变得愤怒而有攻击性。"加害者与孩子越近，攻击就越严重。

攻击在某种程度上说是自然的，但会很快被视为是负面的，而不是一种挑战。建设性地处理它，允许它发生而不让它产生毁灭性的作用，可能会让彼此间打交道容易很多。许多人感觉自己必须永远当个"好人"，尤其是在助人的职业中。到底为什么呢？因此，隐藏起来的攻击有时必须要爆发出来也就不奇怪了。在医疗行业工作过的人都有这样的同事：他们不经意间夸耀在高速公路上飙车是多么刺激。如果这是被压抑攻击性唯一的一次失控爆发，那情况还算轻的。

心理学及精神分析在最近几十年里对全社会性的现象关注越来越少，只在处理战争创伤时会偶尔提到。但将群体作为对象来"治疗"社会的冷漠孤立进而预防暴力，还是很有前途的。弗洛伊德就已经提出了"感受遗传"（德语：Gefühlserben）的概念：下一代的某些人会继承父母的封闭或悲伤。

被遗弃者的复仇

个体在小尺度上经历的，通常也会回响于社会这个大尺度上。伊莎贝尔·阿连德1982年的小说《幽灵之家》中就有一个这样的例子，这本书后来还被改编成了电影。有一条情节线是农场主强奸了一个农妇，她生下了一个私生子。后来这个孩子想被父亲承认，就突然去到父亲家中，要求获得自己的权利。他一再出现，又一再被生父断然拒绝。1973年智利军事政变，他平步青云，在政变军暴力夺权之后主管刑讯。后来他向父亲及其婚生女儿寻仇，一连几天乃至几周地虐待和羞辱他们。

远近问题

情感暴力的受害者通常会失去亲近和距离的平衡，对亲近的渴望会变成因恐惧而黏人，对距离的渴望则变成依附无能。大部分人都想要独立，有好奇心，能去发现新的世界，但同时又想要那种有家可回、被人照顾的良好感觉。职场中也是这样：如果员工在公司里感觉受欢迎、被支持，他对亲近的需求就得到了满足；如果他能够自由发展，贡献想法，自主地工作，他也就有了足够的距离。海德堡大学附属医院的保守骨科医生马库斯·席尔腾沃尔夫说："要想成功地治疗，就要找寻医患关系中的平衡点。对很需要被保护的病人我们就得给予支持和足够的安慰，而有很强界限需求的病人，也就是不习惯亲近的病人，就需要与他们不那么贴近的医生，让他们感觉自己就能面对疾病。"

我们建立关系的方式基于许多关于归属和脱离的早期塑造性经验，是它们决定了我们之后在一段关系中是否能感觉得到所求。如果感觉不到，那可能就是日常生活中难以避免的悲苦之一——理性的评价大抵如此，或者说我们就会觉得被霸凌、被排挤、被教训、不被爱。

遭受情感暴力是否需要治疗，完全取决于对日常生活造成的影响有多严重。马库斯·席尔腾沃尔夫说："如果情感暴力再现了童年早期的暴力经历，那从医学角度来说就需要特别重视。"如果症状不只是暂时出现，而是持续比如超过三个月的时间，治疗师就认为有必要且亟须看医生。

例子有很多，比如某高级经理一再被领导当着众员工面批评，或者某秘书被领导布置的工作压垮又因为完不成工作挨批，且情况持续不是几天，而是几个月。另一个例子是一名工程师总被设定无法兼顾的目标，有时被安排的甚至是不可能达到的目标，导致他在人手不够的情况下不得不超强度工作，直到失眠多年后突发急性心肌梗死。

警报——情感暴力严重的迹象

情感暴力严重到需要治疗时会有多种迹象。慕尼黑的社会心理学家迪特尔·弗赖说："当进入黄色或红色区域时，情感暴力就需要临床治疗了，对施暴者和受害者都是。比如，施暴者在言辞选择、姿势动作、语气语调方面完全失控、冲动又不可预计，就是一个警报，还有一个迹象就是有良知的人会立刻干预。"

受害者方面可以看具体表现。如果感到伤自尊、没脸面、身份丧失等心理症状越来越严重，同时还有功能紊乱、心血管问题、进食障碍、失眠等身体症状，就表明需要治疗。弗赖说："在工作上还可能出现职业倦怠或内心放弃等心理问题。遭受情感暴力者会感觉筋疲力尽、被贬低，感觉自己生病了。"

谁会施加情感暴力

小的恶意和嘲讽发生得很快：拿别人讲了个笑话、利用了别人的弱点，或将怒气发泄在次好的人选身上。很少有人真的出于恶意而这样做，而且很多人在越界之后会感觉过意不去。

但也有人注意不到自己伤害了别人，他们是如此无知、以自我为中心，以至很享受那一时的高人一等。不过，就算是有这种病态心理倾向的人，也可以学着去更多地共情。就像对待一个小孩一样，可以要求他换一个视角：“你能不能想象一下他现在是什么感受？”或者：“想象一下，如果你是他。”这都是有用的建议。

另外还有易怒的人，他们会一时怒火攻心而伤害或打击别人。他们心理不稳定，言语过激，经常无法自控。对于这样的人，即便不再忍受，哪怕是猛烈的回击通常都没有意义，因为这样只会使爆发和辱骂更加激烈。

还有些人是施虐狂，他们沉迷于别人的痛苦和不幸，还想加强这些，毫无歉疚之心。

感觉被“矮化”的人，同时也会感觉依赖别人，无力、无用、无助，任何反抗看起来都没有用，时常还伴有自责、愧疚、自我怀疑。他们最核心的社会及情感需求被破坏：将自己置于社会整体之外，尤其当得不到帮助、感觉自己被控制而无能为力时。

这与重疾的情况很类似：癌症患者也经常要与失控和身份丧失感做斗争。能通过自身价值体系或亲近的可依赖者找到内心支持的病人有更高的生存率。如果他们在创伤体验（癌症真正是一种创伤体验）之后依然能保持自信，甚至在命运中找到意义，感到还能掌控自己和自己的经历，那就更能提高生存率——疾病对他们造成的痛苦稍少一些，免疫系统也更稳定，活得也更久。情感暴力的情况与之类似：重要的是受害者如何去面对那些事。有心灵支撑、稳定环境、广泛心理资源的人面对这类事件能更好地进行防卫。

伤害、贬低、忽视——这是暴力吗？

为何要对所有伤害都冠以暴力之名呢？这说法看起来很严重。我们每个人都曾偶尔被打击、被批评、被指责，这就是生活的一部分，一定要搞得那么大吗？如果能处理好，还能从中受益。如果称之为“情感暴力”，那就会有很多人据此说：“看看吧，我在受苦，都是他人的错，我只是受害者，什么也不能做，更无力反抗。”

这就是医学、心理学、社会科学跨学科争论中的一些论点。一名医生说：“个人责任太被忽略，这让人看不到个人对此能做的，自我效能其实非常重要。”

一位心理学家提议，也许“情感阻碍”或“情感抑制”的提法更合适。情感上的暴力使用当然存在，但通常我们说的“暴力”，涵盖的既有施暴的能力又有施暴的可能，还有暴力行为本身。这样看来，每个恋爱关系中的人，不管是积极的关系还是消极的关系，都对他人实施过情感暴力。如果日常生活中的咒骂、恶意等不顺都被归为情感暴力，就有所指被琐事化的危险。毕竟，被老师批评了一句、被领导训斥了一顿，和一直被贬低、被忽视是不一样的。

因此，反对派认为，提情感暴力还需要看成长过程，只有在这个语境中才能弄明白自己对感到被伤害和被排挤到底有多大的贡献。

心身科主任彼得·亨宁森说："有时，他人的伤害行为和自己的敏感性就像钥匙和锁一样相匹配。"

情感暴力还包含了一个社会性、历史性的维度，一部分情感暴力是经几代而形成的。严苛的教养模式、对孩子的"磨炼"，以及某些职业中的严酷对待都被不懈地传递着。

无关爱式教育

迈克尔·哈内克2009年的电影《白丝带》深刻表现了那种狠心、严厉的教育方式，这在德国直到20世纪依然很常见，甚至到现在还有一些令人悲伤的延续。电影是虚构的，但可能离现实也没有那么遥远。据哈内克自己的讲述，他在写剧本的时候读了"许许多多关于19世纪的教育和乡村生活的书"，以便日后将心得用在电影中。在19世纪，白丝带是受惩罚的标志，用来孤立、羞辱个人，电影的名字也由此而来。

由此看来，遭受情感暴力不能仅被视作个人心理诊断或简单的日常现象，而是可能反映出一种危险的社交无能，即无法建立与自己和他人的关系。心身医学主任乔拉姆·罗内尔说："德国家庭不会大吵大闹，为矛盾大打出手，一般都是心门紧闭。现在关于这种童年早期经历及其他伤害对健康的后续影响的发现与之相符。"

苏黎世大学的精神病理学家安德烈亚斯·梅尔克说："要解释的现象越是日常之事，对此就越难有合适的心理学定义和理论框架。讥讽和恶意属于所谓的'元信息传递'：话外有话，暗含的是负面和贬低性的东西。"

遭遇情感暴力——是富贵病还是对心理稳定的危害?

遭遇情感暴力是一种“富贵病”还是对越来越多人心理稳定的扩大化危害，对此心理学家、精神病学家、心身科医生尚有争议。海德堡大学附属医院的马库斯·席尔腾沃尔夫说：“我绝不会把遭遇情感暴力看作富贵病。”他作为骨科大夫和疼痛治疗师，经常遇到因心理问题患上严重身体疾病的病人。“在现代社会中，我们需要抗压的人格，即既能进行团队协作，又有创意，还要能自主行动。情感暴力会严重影响这些能力。”他表示，人如果一再被伤害，在情感上被羞辱，就会无法应对现代生活的要求——一心多用，快速适应——从而无法抗压。

但社会心理学家迪特尔·弗赖强调：“在之前的社会中，上下层之间的差别更大，有许多种压迫和强权存在。今天我们幸运地生活在人的尊严被写入基本法的社会，所以当这些原则遭到破坏时我们也更加敏感。与之前的社会相比，现代社会中人在尊严被侵害时愤慨也更大，这是积极的一面。”

但也可以更批判地来看：一个繁荣民主的社会却不能提供足够的保护以防御不道德、不人性化的行为，不管是在个人生活中还是在职场中都是如此。甚至可以说，社会竞争越激烈，对表现的要求越高，所有参与者身上的压力就越有增大的危险。这种以表现、竞争、适者生存为导向的斗争经常是以牺牲弱者为代价。总体而言，学者们感觉现在的恶意可能比以前少，但强度增加了。所以保护自己不受其侵害也变得更加重要。

汉堡大学附属埃彭多夫医院的马丁·黑尔特说："遭遇情感暴力肯定不是富贵病，也不是普通寻常的不顺利，而是对人的健康、心理稳定性以及发展的整体危害。临床证据证明，情感暴力与长期抑郁和严重人格障碍都有关联，而且有迹象表明它可导致慢性疼痛。"

“大”创伤还是“小”伤害?

经历过可怕事件的人可能很长时间里都会停留在创伤中。身体虐待、性虐待、意外或者战争和逃亡等残酷经历通常都会在心里留下痛苦的画面和深刻的伤痕。被绑架、被当作人质，抑或是成为一场事故的唯一幸存者，都是可怕的经历，有时永远也不会过去，一直历历在目。

在这方面，科研还有很多事情要做。对严重创伤的心理后果目前主要以“创伤后应激障碍”为研究框架。这种病症尤见于美国越战老兵，他们脑中越战的可怕画面在几十年后依然挥之不去，德国联邦国防军的士兵在结束南斯拉夫、非洲、阿富汗的派驻后也有此病症。绑架和事故的受害者以及曾遭受身体或性虐待的人也说自己无法摆脱那种恐怖，甩不掉那可怕的记忆。

苏黎世大学的精神病理学教授安德烈亚斯·梅尔克说：“有效归纳的话，情感暴力不是一个既有的科学建构，与大家所知的创伤后应激障碍并不总是相连。”从医学和心理学角度看，我们还没有研究清楚为什么有些心理伤害对有些人的身心健康有影响或有较大影响，而对有些人没有影响或影响较小。

这也是因为同样的伤害及情感羞辱并不是在世界所有地区都被

看得同样严重，因为全球不同地方的生活水平相差太远。快要饿死、不知道自己和家人明天是否有饭吃的人，他们烦恼的可不是唠叨的伴侣、严苛的老板、一直捉弄人的同事。

“来自其他文化的同行，他们完全接受创伤和创伤后应激障碍的既成概念，但认为我们这些来自欧洲和北美的西方人有时小题大做，他们眼中的小事甚至人之常情我们也要拿出来大谈特谈。”梅尔克在与世界其他地区的心理学家交谈时一再体会到这一点。

这太可以理解了：如果一个人一直要担心生命安全，受到战乱、压迫、酷刑、流离失所的威胁，那对他来说，长治久安地区的人的某些烦恼看起来确实是“第一世界问题”，有些傻。面对四处流窜、烧杀抢掠的歹徒，要害怕的是性命难保，相比之下职场中的一点儿压力又算得了什么？

看一看世界上那些战乱频仍的地区，那里的人们过得比我们差得多，看着他们，我们就更有理由对我们在中欧相对舒适的生活感激不尽，不怨恨命运。对于现代人一直抱怨的时时刻刻有压力、总是要回邮件和信息，精神病医生曼弗雷德·吕茨简洁而有创意地回应道：“三十年战争期间人们对瑞典人也得随叫随到，那可不比现在更愉快。”[51]

所以一切都只是一个过度受激、过度敏感的社会里的小问题？可能反复遭受心理压力、经历不愉快就是其中的一部分，俗话说人生不如意事十之八九嘛。但我们不可沉浸在这种错觉中。精神病理学家梅尔克说：“再进一步想的话，这意味着不发生短暂情感暴力的人类共存可能根本实现不了。”

不过，个人心理负担没有科学方法能可靠地度量，并且严重程度也不取决于他人觉得伤害和打击有多重。痛苦永远都是主观的，不管是心理上还是生理上。正因为这样，这个话题讨论起来才如此困难：许多给受害者留下了长期影响的情感暴力在外人看来只是微不足道的琐事，不值一提。他们可能会忘了某件事，甚至无所谓地拿它谈笑，而在受害者那里，许多年后它依然能唤起痛苦的回忆。

对受害者而言，事情的影响力是巨大的，别人对此一带而过的话更会对他造成二次伤害：受害者先遭受了羞辱，之后伤口还被耻笑，或至少不被当回事。安慰他们的话经常是“别那么激动，没那么严重”。但这样的判断外人无权做出。

当创伤变成应激障碍时

苏黎世大学精神病理学家安德烈亚斯·梅尔克领导的一项代表性调查揭示了创伤后应激障碍的重症有多常见。德国250多个地方的近2500名各年龄段成人被问及他们的创伤经历，包括遭受战争、强奸、童年性虐待、严重意外、暴力行径、自然灾害、绑架或其他可怕的经历。结果显示，超过0.5%的德国人患有“复杂”型创伤后应激障碍，患“经典”型的则约有1.5%。[52] 两者都首先表现为，对创伤经历的记忆会被图像、味道、声音勾起，并通常会一再重现。在复杂型创伤后应激障碍病例中可观察到人格改变，受害者难以建立稳定的人际关系。他们尤其会对他人有一种深深的不信任感，无法有亲密关系，他们的自尊感也会大大降低。

安德烈亚斯·梅尔克说：“我们发现复杂型最常见于童年遭受过性虐待的人，或青春期、成年后还继续遭到性侵的人。”而更早被认知的经典型创伤后应激障碍最常见于经历了严重意外的人或创伤事件的直接目击者。

这项于2018年开展的针对德国的研究成果与针对中欧的同类研究的成果在很大程度上相吻合，中欧的复杂型创伤后应激障碍主要源于儿童性虐待等性暴力经历。梅尔克说：“在复杂型创伤后应激障碍据估计发生率更高的世界其他地区，其诱因还有持续战争、迫害、绑架、酷刑。”

在难民和非洲娃娃兵身上，还有叙利亚、索马里、阿富汗、南苏丹内战受害者身上，都可看到与欧洲的虐待受害者类似的症状，尽管其他大陆上的诱因主要是压迫和以不安全、持续恐惧为特征的日常生活。但对于这些地区，准确的数据少得多，基本都是估计。

梅尔克说：“将复杂型创伤后应激障碍与之前已知的经典型区分开来是很有必要的，因为要采用不同的治疗策略。”对于经典型创伤后应激障碍有较好的疗法，几周或几个月内就可以缓解患者的痛苦，但对于复杂型，目前还只有很少几种有希望的疗法，还需要更多的研究。

梅尔克和一个国际工作组一起于2013年向世界卫生组织提议，将复杂型创伤后应激障碍加入其《国际疾病分类》。事情花费了一点儿时间，但在2018年春，世界卫生组织接纳了这个建议。这不仅有学术上的意义，也有实际的意义：世界各地的医生和治疗师都以《国际疾病分类》的各项列表为准。只有被加入该分类，某类心理疾病的治疗才会被承认，并相应地被偿付。

内容要点

- 情感暴力总有加害者和受害者。找出受害者自己在小恶意变成大伤害中有多大作用也是很有帮助的。
- 恶意和伤害转变为情感暴力的过程是不定的，许多因素共同决定诱发动作是被强化还是渐渐淡去。
- 偶尔讽刺一下、使使小坏的人并不会自动成为情感施暴者。以伤害为动机、以破坏性为主的人际关系起着决定性的作用。就连易怒的人也并不一定是情感施暴者，他们通常只是无法自控，心理不稳定。
- 尽管全球对情感暴力危害性的认知不一样，但它绝不仅仅是西方社会的“富贵病”。所以，经历了战争、暴力、逃亡的人也不会对关爱缺失、被忽视毫无感觉。

Emotionale Gewalt

第十三章

应对策略和防卫办法

伤害并非全都一样，也不是每个侮辱都会变成情感暴力。有许多防御策略可以用来防止其给心灵留下伤痕。对此，有些问题比较重要，比如：在当时可用什么办法对付心理侵犯者？从中期看如何保护自己不被伤害的后果影响？

海德堡大学附属医院的马库斯·席尔腾沃尔夫说："居安也要思危，要想到更糟糕的事甚至危机可能会到来。在紧急情况下，要想想之前有什么曾对你有过帮助。如果自己应付不了，寻求帮助也绝不是丢人的事。"但也要做好改变自己视角的准备。席尔腾沃尔夫说："毕竟生活一直在变，我们也要随之而变，随着年岁的增长，这变得尤其重要。"

有些人很容易觉得自己是受害者，不管是在职场中还是私人关系中。他们身上有某种东西会惹恼别人，自己却觉察不到。这种"投射性认同"说的就是这样一种机制：人们不自觉地有一些行为举止，比如在换了工作或者开始一段新恋情之后，让别人就像自己暗暗害怕、一定要避免的那样对待自己。

门诊或住院部的团体治疗、多模式治疗可能对此有帮助，借助艺术、音乐或身体疗法等非语言治疗也可以。病友之间经常能识别出彼此那些无意识的行为，应该彼此间谈一谈，以逐渐更好地理解自己，做出实质性的改变。这并不总是管用，但经常会有用，在临床上也很重要。冲突几乎总是在"人之间"而起，很少仅一方有错。

反复成为受害者

47岁的萨宾娜每次开始一份新工作，总是会遇到相同的问题。刚开始她和同事还挺合得来，会带蛋糕到办公室，也总是乐意聊会儿天。她很内秀，比如，休假计划和别人撞了也不会坚持，组会上大家提出自己想休假的日子，她情愿就拿剩下的。其实私下里她觉得失望、不被重视，但不会和别人说，不过别人还是能看出她的不满。渐渐地，别人对这位新同事的逆来顺受无感了，甚至带上了攻击性，反正她似乎就想当个受害者。对这种反复出现的情况，萨宾娜很是痛苦，却又不反抗。就算没有人真的确定，以下想法也很可能已经在团队里生根：不用太考虑萨宾娜，反正她对什么都不满意。

什么可以爱，什么可以改?

基本上，“爱它，改变它，要不就放下它”这条屡试不爽的规则很有些道理。乌尔姆大学附属医院的哈拉尔德·京德尔说：“防卫通常比默默承受要好，长期忍受会导致身体和心理的疾病，可能也是由于压抑下的、经常是无意识的攻击至少在生物学上有负面影响。总之，最好向专业人士寻求建议，和他一起找到最佳解决办法。”

“爱它”：社会心理学家迪特尔·弗赖说：“要分清可改变的和不可改变的情况：眼下我真的可以另寻他法吗？决定权在我手中吗？”毕竟，人经常因为看起来别无他法而感觉被困在了伴侣关系中、家庭中、公司中。但就算这份工作经常压力很大，失业真的会比拥有现在这份工作更好吗？有了新工作，是不是还要和臃肿的结构、讨厌的同事打交道？单身生活真的会好过和伴侣、家人的争吵？这些问题可能每个人都曾一再问自己，但很难找到答案。

对于犹豫不决的人，没有简单的、万金油式的建议。要分清什么是“正常”的压力、什么已变成工作或恋爱中的恐怖，通常可能只能依赖直觉。一般而言，个人会感觉到咒骂的界限被逾越，不再愿意忍受同事、上级或伴侣的某些行为，尤其是反复发生时。也会有对二者不确定的阶段，这不可避免。那些良言怎么说的？“给我坦然，去接受不可改之事；给我勇气，去改变可改之事；给我智慧，将两者分清。”

有时，照单全收也有道理，因为完全没有问题的人生是不存在的，所以同难搞的婆婆、苛刻的上司还是和解比较好。不必立刻爱他们，只需找到相处之道，包括脸皮厚点儿，不要事事都往心里去。

“改变它”：如果压力一直存在，这就是个值得称赞的建议。弗赖说：“这种情况下，要找鼓励你对某些事不要忍的盟友。希望人人身边都有能看到问题并有责任感的人，可惜很多人对问题视而不见。寻找那些能拿出勇气挺身而出，站在受害者一边并保护他们的人。”勇气也包括不与加害者为伍，揭发加害者，让他们的行为不再伤害到别人。让加害者回归理性有多么困难、是否可能，后面会再讨论。

就算无法立即根本地改变某个状况，也不要太早把这难办的情况当作理所当然。要采取行动，比如同事出言不逊可以去找老板，和伴侣吵架了可以去做夫妻心理治疗。这时有盟友同样很重要，在他们的帮助下困难至少容易忍受一些。另外，自我保护很重要，受害者要不断提醒自己，咒骂和恶意只能说明骂人者是什么样的人，而不是被骂者。骂人的人不是客观的权威者，而是困于自身特征和局限的加害者。这种看法可以帮助我们不把可能的伤害和辱骂指向自己。

通过对道德勇气的研究，我们知道保护受害者、揭发加害者是多么重要。迪特尔·弗赖说：“我们在日常生活中需要更多的小英雄——懂得保护自己不受小恶意侵害的小英雄。至于大的恶意，至少80%的德国人支持开放的社会，严厉谴责歧视、排挤等行为。”因此，在私人生活和职场中，大恶意会更多地被这80%通过站出来表达赞扬、认可、尊重来对抗，而随处可见的恰恰是容易被他人忽略的粗鲁和小心眼等小的恶意。

弗赖说：“心若小气，人就会变成小人；心若宽大，人就能豁达。基本上，对做人的想法和对他人的态度是最重要的。如果我们维护每个个体的尊严，看到其优点，以尊重、欣赏、宽容的态度去对待他，那情感暴力就无处立足。”

“放下它”：这是许多失望夫妻、沮丧雇员的梦想：一声炮响般地离开这段关系、放弃这份工作。终于让老板看到，你不想再被这般对待。可惜并不是每个人都能这样做，而且说起来容易做起来难：许多女性留在自恋的丈夫身边是因为另一个选择——自己一个人过看起来更糟，或者因为她们害怕分开引起的反应。但重要的是不要接受明显有破坏性的行为，保护好自己。可以通过扫清冲突而不用完全退出这段关系，比如，如果他一直在熟人面前数落她，并以贬低她来抬高自己，那她下次可以直接站起来，客气地和别人说再见，然后离开。这（暂且）不意味着要分开，却是一个清晰的信号，表明她不想再忍受他那令人气愤的行为。

认出情感施暴者，并让他们无计可施

情感暴力可出自许多不同的人格类型，自恋型、神经质都是其中的常见者，有时还出自易怒者——德文里叫“Choleriker”。这个词来自古希腊语里的“胆汁”一词——易怒的人似乎“胆汁”特别多而毒，会伤害、打击别人，喜欢叫喊咒骂，不讲道理。

情感施暴者的标志

易激动，一点儿小事也经常令其激动。

从来不能很好地控制自己，认为自己的行为很正常，因为没学到过其他的。

力争支配权，过于冲动，有强烈的上下级思维。

一部分人好动、有动力、好表现。

对失望的容忍度低。

经常出人意料地爆发，广播声音太大、言辞误解等小事都会引起他的暴怒。

情感施暴者总觉得自己被攻击，并照此来解释周围的事情，觉得自己好像在打仗一样。

其行为对外人来说不可理喻，完全过火、不恰当，令人害怕。

易怒者之间也有分别，在有些人身上这种易怒会变成一种长期状况，在另一些人身上则偶尔会被兴高采烈所取代。积极和消极的情感经常会自动交替。引来狂风暴雨的都是些稀松平常的小事：一个错误的动作就会让易怒者爆发，开始辱骂别人。对于周围的人，这会带来很大的压力，尤其当易怒者是上司、老师、教授、长辈或伴侣时。

易怒者喜欢贬低对方，所以和他们一起生活可能是极其有破坏性的：刚开始你还会抗争，但慢慢就放弃了，甚至会接受对方鄙夷的眼神。听起来很简单粗暴，但分手通常是唯一的办法，至少在易怒者不做任何努力去寻求帮助时。

与容易变成情感施暴者的人相处对每种关系来说都很困难，不管是私人关系还是工作关系，因为这对所有与事者都是一种负担。有趣的是加害者通常意识不到自己的行为。但只要他们不讲理，你就应该远离：不要因为他人而让自己心理上受伤。

不要逆来顺受，不要听命于人

情感施暴者并不是在所有地方都表现得很暴力，他们可能在家里是亲密爱侣，但到了公司就实行恐怖统治——或者反过来。通常他们都对伴侣或同事缺乏尊重和欣赏。在极端情况下，情感暴力的受害者必须给出明确的停止信号，比如明确表示如果再出现这样的事情，就不再为这家公司工作，或者下次再犯就分手。重要的是，你要对此做好充分的心理准备，才能以此威胁，不然以后你在谈判中就会陷于很尴尬的位置，被认为只是虚张声势。

对于发狂、喊叫、嘶吼、乱扔东西，有时甚至使用身体暴力的同事，具体能怎么对付呢？在这种爆发的背后通常隐藏着一种无力感，让当事人觉得无法自控。正确的即时做法是让易怒者知道大家理解他。“冷静点儿”这种要求没什么用，还经常被对方视为进一步的挑衅。更好的说法是“我明白事情给你很大压力”，或者“我能想象你为什么气愤”。这些话并不是示弱，而是表示对事情能客观看待。

在这些时刻也要宽慰自己：“很快就会过去，现在我也改变不了什么，那不是我的错。”基本就是这类话。这样你就从“在下”变成了“在上”。重要的是，作为受害者，一方面要有自信，不要把自己视为无力防卫的受害者，另一方面要先退一步，直到暴风雨过去：

“我们可以谈谈，但不是现在。”在双方平静的时候请求一次私下谈话会有帮助，需要的话做个了结，可能的话还可以叫上盟友。

以这种方式暂避绝不是懦弱，对辱骂不做出反应才是大度量。当易怒者或其他情感施暴者爆发的时候，友好、客观的对话反而会让他们尴尬，因为他们期待的通常不是友好的回应。之后就要明确表示，你觉得这样的行为是不对的。不可无礼，但冲突要摆在桌面上谈。

对付情感暴力

· 避免接触或尽量少接触出口伤人者，这并不容易，有时也不可能。

· 淡定：重要的是避免直接冲撞，因为这会导致情况愈演愈烈。在这方面，在难办的时刻保持镇定很有帮助，风暴通常很快就会过去。任由狮子吼，发出平和的信号，在紧张情势下不要再进一步刺激对方。不一定要走向对峙才可以清楚表明自己不再接受这些伤害。

· 咒骂更多地说明了咒骂者是什么样的人，而不是被骂者。所以如果某人言语伤人，那就说明他是一个不知如何自持的人。无论如何，不可因受了他的谩骂就直接摆出受害者的姿态。

· 要找出情感施暴者在哪些情况下会爆发，以便避免这些情况发生。在私人生活中可以约定一些信号，以便让他们看到界限在哪儿。

·保持积极主动，对伤害行为不可息事宁人。就算在情急时退一步，也不意味着容忍攻击。在当事人都平静下来的时候聊一聊很有帮助。

对待彼此的理想方式是什么样？大多数人可能会回答：开放、诚恳、礼貌、体贴、平等。但和情感施暴者就很难做到，因为他们把伤害藏在最随便的话语中，几乎对什么事都能生气，暴虐到会进行人身辱骂的程度。在这种人身边，人很快就会被影响，会气恼、心情差、受伤。

问题在于情感施暴者首先要自己体会到痛苦，才会想要去治疗。也就是说，他们必须想要控制自己的怒气以和其他人再度建立正常的交往。解决的方法包含有关如何用心以及如何接纳的行为治疗。让情感施暴者意识到他们的恼怒感受，也就意味着接受他们这样的人，但拒绝他们讨厌又伤人的行为。情感施暴者必须学会自控，而另一方则应学会泰然处之。

注重自己的感受

被伤害和侮辱时，梳理并正确认识自己的痛苦很有帮助。这说起来容易，但许多人并没有学会识别自己不愉快的原因以及自己缺少什么。他们看不到自己的很大一部分难过是别人的伤害造成的。他们经常不注重自己和自己的感受。

注重自己的感受意味着暂停一小会儿，让深藏的自我浮现出来。能做到这样成功“自我共情”的人，不会压抑痛苦的认知，反而会保护自己，不会无条件接受外界的责难，并与之展开抗争。[53]

而让自己被负面感受淹没、沉浸在问题中的人，则强调自己的痛苦，同时贬低自己，[54]好像情感施暴者做得还不够一样！有些受害者只顾独自伤怀，几乎做不到对自己采取正面的看法，只会放大自己的弱点，认为自己有缺陷，对待挫折和停滞不前都只有负面情感，惶恐不安。

要做到“自我共情”，重点不是自我批评，而是对自己的承认和善意，将自己作为重点。许多研究都已经说明这对身体和心灵有多好：能“自我共情”的人更不容易焦虑或抑郁。[55]

“自我共情”不仅能增强心理抵抗力，对多个脏器和整体健康也有积极作用，许多研究都已证明这一点。随着受试者被训练得更能自我共情，他们的皮质醇水平会下降，心率改变也更迅速。[56] 这意味着他们在出现心理或身体变化时，脉搏马上就能变快或变慢，有很大的弹性。心脏能很快适应，就说明机体对感受的反应恰当。如果心脏对不同压力仅表现出很小幅度的搏动变化，就表示心功能可能不全。[57]

如果“应激激素”皮质醇的释放量较少，那对咒骂和侮辱的应激反应也会较轻。尽管心率、血压、呼吸频率还是会随着情感压力上升，但应激反应很快就会过去，于是血管、神经、器官就只是受到了短时间的负面影响。对身体特别有害的慢性炎症也不会那么快发展起来。抑郁感受和焦虑发作会更少，最多只会有中度的应激反应。[58]

“自我共情”基于这样一个认识：我这样就挺好。哪怕有小毛病和不足也无所谓。即使不优秀、不比别人好，也可以欣赏自己，更完全不必对别人的贬低逆来顺受。

“自我共情”通常出现在重视起自己、对自己好、像对待最好的朋友那样对待自己的时候。所以要对自己友好、体贴、多些理解，需要的时候当然也要懂得原谅，那时就会发现对自己友善也是为自己好，友善不是因为自己做成了什么，而是因为自己原本的样子就值得友善对待。

要共情而不要情感暴力

他们只想着自己，很少关心别人，也不关心别人怎么想他们。神经质者对自己和世界有一种单维度的理解：不直接发生在他们世界中的事，他们就无所谓。他们喜欢发泄，却不能很好地容纳；容易伤害周围的人，有时甚至意识不到这一点。所以当心理学家说这类人也可以共情时就更令人惊讶了。但研究发现，他们得到共情方面的帮助的话是可以做到的。[59]

英国科学家研究了一些志愿者，他们心理健康，其中有些人还十分成功，但明显有自恋特征。在实验中，这些自恋者被告知有一段恋情终结了，但不管分手被说得如何惨烈，受试者都没有产生任何共情，就算告诉他们被抛弃的人得了抑郁症、被分手伤得很深，也没有改变。

在另一项实验中，给自恋的女性看一个人被伴侣殴打、侮辱的视频。受试者被要求想象一下被虐待者是什么感觉，然后她们就产生了共情。而没有被要求进入受害者角色的自恋者对看到的侮辱依旧冷漠。

对身体功能的观察也与此吻合。一些受试者就算看到了别人受苦，他们的脉搏也保持稳定。而另一些采取了受害者视角的则心率上升，呼吸急促。

研究带头人埃丽卡·赫珀说：“如果我们鼓励自恋者以别人的视角去看事情，他们通常就会做出适当的反应，甚至会对别人的痛苦共情。这不仅对他们周围的人更好，长期来说对他们自己的健康和人际关系也更好。”对社会来说，让心理病态者能够共情也是有好处的。许多自恋者非常自信，却常让身边人苦恼。他们还会咒骂和侮辱别人，严重时甚至会转向暴力。

所以自恋者有共情的能力，只是并不是总能调动起来。彼得·亨宁森说：“共情能力不是静态的，共情也是意愿和动力的问题。”共情在每个人身上都可以被唤起，尽管乍看之下完全不是这样。

嘲讽也是磨炼？

这想法呼之欲出：也许时不时经受一些小小的恶意甚至更大的伤害能加强心理防卫能力？还是说它们比想象的更有破坏力？乌尔姆大学附属医院心身科主任哈拉尔德·京德尔说：“恶意本身对任何事情都不好！它们伤害人，会让人生病，但期望生活中不要出现任何伤害就太天真了。冲突和攻击是人性的一部分，关键是学会尽可能有建设性地去处理它们。”有了克服冲突的经验，就能以一个更强的人格从这些情况中走出来。基本上，比起完全没有压力，成功应对一定量的压力体验更能让人经得住之后的生活逆境。

马库斯·席尔腾沃尔夫说：“我们经历的一切、我们能很好地吸收进人格之中的，都促使了个人发展。疾病和伤害是‘危’中有‘机’。但人在特殊情况下能有多少发展相差很大。”依赖性强、完全不信任自己的人在危机之中就很容易被打败，而完全不接受帮助的人可能一开始还信任自己，但之后就无法转换视角，不能采取另一种眼光来看待事情。

迪特尔·弗赖说：“如果‘疫苗理论’是对的就好了——我就用小恶意做疫苗，来让自己对大恶意免疫。但研究表明，这些小恶意会威胁到一个人的自信、个人及社会身份，也不是每个人都能从中走出来变成更强的人。”另一方面，必须承认，长期面对侮辱的人，比如矮小、有色、肥胖的人，确实已经习惯了某些恶意，学会了不往心里去，但依然没有人愿意听见那些恶言恶语。

悲伤止痛药?

男方有多年的婚外情，从不错过任何勾搭的机会，现在突然被自己发现？先吃片扑热息痛，也许就没那么难受了。办公室里同事又开始欺负人，一个好事者传着各种不好的谣言？真是不顺，吃点儿布洛芬也许好受点儿。

这些止痛药明显不是心理药物，但它们不仅对身体疼痛管用，对心理疼痛也有疗效。用对乙酰氨基酚、布洛芬等来治相思、孤独和老板的恶意造成的伤痛？乍听起来有点儿怪，但越来越多的研究表明，这些经典止痛药也能减缓心理疼痛。加州大学圣巴巴拉分校的心理学家和神经科学家揭示了这些常见药物如何影响思维和情感，以及这会对非处方药的处理带来什么影响。

社会心理学家凯尔·拉特纳带领的科学家们综合了大量的发现，他们表示，虽然还有不少问题悬而未决——因为此类研究相对较新，但研究“应该有潜力改变我们对常用止痛药如何影响上百万服用者的理解”。政治家和医生协会可能会要限制此类药物的自由购买，如果它们真的对感受处理及其他认知过程有如此大的影响。

简单回顾一下：2003年，神经科学家首次发现身体和心理的疼痛在大脑同一区域被处理的证据。[60] 加州大学洛杉矶分校的内奥米·艾森伯格说："社会疼痛和生理疼痛相交叠，被排挤的、孤独的人通常对疼痛更敏感。"此后又有许多发现表明心理状态如何影响对生理疼痛刺激的感知。

拉特纳说，最好朋友的背叛会被形容成"背后被插了一刀"可能不是偶然，而是暗合了大脑中处理身体疼痛和处理心理疼痛的神经回路相邻近。边缘系统中的神经元相近又会带来身体和心灵之间的进一步交互。

2010年出现了首批有关止痛药对心理疼痛作用的研究，受试者规律服用对乙酰氨基酚等止痛药，结果日常伤害的影响就小一些。[61] 进一步分析显示，药物主要作用于岛叶、杏仁核和边缘系统周边的其他脑区，这些地方是主要的情感压力处理区，布洛芬、对乙酰氨基酚等药物对神经活动的缓和在这里发挥到最大。

止痛药不仅会压制社会排斥和伤心带来的自省，还会明显弱化对别人的感受。服用对乙酰氨基酚会导致受试者在别的参与者遭受身体疼痛或被团体排斥出去时更少地共情。凯尔·拉特纳说："在止痛药的影响下，人对他人的痛苦更不敏感，更加不为所动。这尤其指向止痛药的影响，因为他人的情绪没有变。"

非处方止痛药被认为无害，哪怕最近反复有关于其对心、肝、胃方面严重副作用的报告出现。这些药几乎家中常备，在医院和诊所也属于最常见的，但如果服用百万次，可能也会有深远的影响，毕竟身体和心理的疼痛都是一种警报，从进化角度说有重大的意义。疼痛说明人的器官功能或其社会关系受到了严重的威胁，如果用止痛药压制，相关的警报就会消失。

这甚至能导致人的自我肯定能力减弱。在一项研究中，服用了对乙酰氨基酚的人对自己终有一死更加不在乎，对社会接触或未来的计划也更加不关心，一切对他们来说都越来越无所谓。止痛药对心灵的麻痹作用如此之大，所以用止痛药治疗慢性背痛、风湿、头痛会不会留下这样的副作用：心里一片废墟，没有感觉，对什么都不再有热情？

研究作者强调，下这种惊人结论可能过早了，因为这方面的研究刚刚起步。凯尔·拉特纳说："但诸多发现还是令人警醒。毕竟，服用止痛药的人只想消除身体的疼痛，没料到会有广大的心理作用。"

政治家和医生协会应该衡量一下，是否至少以后该更好地控制止痛药在孕妇和儿童身上的使用。加州大学圣巴巴拉分校的心理学家们就问道："感受处理在大脑发育早期被反复弱化会有什么长期后果？"又或者，对乙酰氨基酚等止痛药是否有利于治疗"注意力缺陷多动障碍"？因为初步研究表明，它们也能影响冲动控制。

当然，新发现也表明止痛药有积极的用处。和伴侣吵架之后吃一点儿扑热息痛，被领导训了之后来点儿布洛芬，整个世界看起来就容易忍受多了。拉特纳说："这些药每个医院都有，在全世界，在各个年龄段和阶层，它们都是现代生活的一部分。我们应该更多地了解它们，以便更好地知道其危险性，以及可能的社会效用。"

创伤一喷灵？

经历过坏事的人通常长期难以释怀，恐怖的画面会一次又一次出现在眼前。身体上也会有所表现：可能许多年都会伴有不安、恐惧、情感麻木、躲避行为，并会促成创伤后应激障碍。

慕尼黑工业大学附属医院和马克斯·普朗克精神病学研究所的医生和心理学家指出，催产素可以缓解这些病人的症状，可能会对治疗起到补充作用。[62] 创伤专家马丁·扎克带领的团队给平均年龄40岁的曾受过创伤的女性使用了催产素鼻喷剂或安慰剂。两周之后，创伤后应激障碍的典型症状有所减弱，尤其恐惧和躲避行为不再表现得那么强烈。

另外，研究人员还记录了心脏活动的各项参数，结果表明心率变化幅度增大，其他功能也得到了改善。这些变化说明身体自己的应激调整变得更有效，对心脏兴奋的自主控制也不再被激活。

创伤专家马丁·扎克说："我们第一次证明了催产素能降低女性身上创伤后应激障碍症状的强度，这可以是心理治疗的另一个补充治疗选项。"目前，催产素主要作为一种拥抱、依附激素，用于促进产后乳汁分泌，加强母亲和孩子之间的联系。多项实验表明，催产素鼻喷剂能让盟约更牢固，提高对别人的信任，比如使人更愿意借钱给陌生人或者以其他形式相信他们。

彼得·亨宁森说："目前这些发现都很令人兴奋，但如果用催产素还能减轻创伤后的痛苦，那重要性就完全不同，这非常有前景——不是要取代心理治疗，而是用这个新的治疗选项加以补充。"瓶装防恐惧喷雾就起到这样的作用。

到目前为止，对创伤后应激障碍的治疗大部分都需要很长时间，也很困难。病人在心理治疗中处理创伤经历，感到安全后通常会好一点儿，但这可能要花许多年时间。纳洛酮、多种抗抑郁药等都被尝试过，疗效有好有坏，但尚无稳定且有效的标准药物疗法。眼动脱敏再处理等特定的创伤疗法可能也有帮助，其做法是在病人直面创伤时借令人平静的动作模式降低压力水平。

让压力降下去

一位病人来诊所登记，她看上去没有什么特别，前台正准备友好地向这个陌生人问好，她突然掏出一把刀，扎向前台接待员。年轻的前台女子送医接受治疗后才苏醒过来。[63] 身上的伤不久就愈合了，但心理受的伤比身体受的伤更深。她还做得了那份工作吗？会不会看到每一个新病人都会怀疑？她不想让自己放弃那份工作，于是去看了医生。

慕尼黑的创伤治疗专家马丁·扎克在她讲述这段经历时，在她眼前举起食指轻快地来回动。女子将注意力集中在手指上，并详细讲述遇袭经过，看上去明显还是很烦乱。能看出她有多紧张，想到被持刀袭击就会引起她的不安。她在和自己做斗争。第二次治疗时，这个年轻女子明显更放松了，讲述起来也不激动了，但快结束时她不禁哭了起来，因为完全被对遇袭的记忆淹没了。

第三次治疗时，她想起了袭击的更多细节，这些记忆本已消失。她自己也很惊讶，因为突然记起“她扎到我的时候，我后背忽然一片温热”，“挺奇怪的，刚开始并没有那么痛，只是感觉很新奇”。仅仅又进行了三次治疗之后，她就回去上班了。

马丁·扎克用视频记录了这个病人的治疗过程。眼动脱敏再处理对她起到了作用。[64] 根据其原理，遭受身体袭击等可怕经历会留下痕迹，对事件的记忆在情感脑中与害怕、惊慌等感觉相连，于是袭击在脑海中重现时身体也会有应激反应，机体的警报反应全面展开，就像真正被袭击时一样。

眼动脱敏再处理可降低压力水平，大概是因为在受害者讲述事件的同时，规律的眼动向大脑发出安抚信号，由此抑制可怕记忆和内心不安的激烈互动，大脑中有关之前这段记忆的关联被更新，关联的情绪变得更愉快。[65] 马丁·扎克说："要找到通往创伤经历的路径，目标明确地向着它去，那样就可以进入情感负担最重的地方。"

将眼动脱敏再处理作为治疗创伤的手段可追溯到弗朗辛·夏皮罗。传说这位加利福尼亚的治疗师和朋友在公园散步时向其讲述了痛苦的分手，这时在她的视野边缘，树枝在风中摇动，这让她感觉越走越平静。这启发了她将这种眼动脱敏在病人身上加以尝试。

这种方法并不为所有医生所知，某些部分还存在争议，但在有些创伤病人身上取得了惊人的成功。[66] 一些有严重心理创伤的病人在仅仅三次各90分钟的眼动脱敏治疗后，在一年后就表现出明显的好转。

另一种类似的疗法"敲打"（Tapping）也对恐惧和不安有相似的积极作用。可以对儿童，比如怕狗的孩子有帮助。经过几次治疗后，孩子就学会路上遇到狗的时候不那么紧张。治疗时，在孩子讲述遇到狗的不好经历时，治疗师有节奏地两手轮流敲打孩子的大腿。这样，尽管对恶狗的记忆再次浮现，但他的压力水平降低了。

不一会儿，孩子就明显没那么害怕了。当然，他还没有变成爱狗之人，不过偶尔也会抚摸一下信得过的小动物。很快，他就能坦然面对上学路上经常遇到的遛狗人。而一两年前他会选择绕路。

“敲打”和“眼动脱敏再处理”都能帮助减轻创伤经历后经常会出现的不安。对于情感暴力的受害者来说，这也可以是治愈的第一步：让有关伤害和侮辱的记忆不要永远和增大的压力、内心的紧张相连。

内容要点

- 对伤害不必逆来顺受，可以采取防卫措施。就算是面对易怒者、心理病态者，也可以让他们不起作用，不用服从他们。另外，更能自我共情、自我注重的人能受到更好的保护。
- 不要自甘做一个受害者，恶意和伤害变成情感暴力需要两方的共同作用。不要让攻击靠自己太近，以致有了破坏性作用、留下长久的伤口，这往往掌握在自己手中。
- 通过不断的小型心理攻击来“磨炼”心灵不值得一做，只会造成长久的厌烦。这可能会让人对此形成习惯，但也只是习惯，一直被耍弄甚至侮辱并不会让人得到更好的保护。
- 心理和身体的痛苦相交叠，所以止痛药对心理痛苦也管用。人的关注和共情能力受体内激素影响。已有研究指出如何促进情感亲近而不是情感暴力。
- 如果情感暴力及其他创伤体验导致创伤后应激障碍，治疗就必不可少。疗法有许多种，如能减弱与创伤关联的应激反应，人尤其会感觉到解脱。

结语

关心、分享、爱护

最新的研究清晰指出，以“善意的成见”去对待所有人尤其是孩子有多么重要。恶意、贬低、侮辱无益于任何事情，情感暴力很伤人。实施心理恐怖和操纵感受的企图有时表现为微小的压力，有时表现为大型的威胁，它们让日子难过，还可能引发负疚感，让人心中有愧。

心理伤害不一定会让人生病，但致病的可能性也很大，而且可能会留下长期的创伤。不过，如何防卫掌握在许多与事者自己手中，没有一个成人需要让别人的恶意在自己心中扎根，这方面有很多技巧和策略：拥有许多解决问题的办法、生活环境安稳又能强化心灵、拥有许多鼓舞人心的经历。这些都有助于防卫。

排斥、侮辱、忽视不仅会影响受害者个人，被排挤的痛有时还会引起对他人极大的愤怒，时常还伴有对外来者的攻击，如果社会中有相当大一部分人被伤害，感觉被遗忘、被抛弃，那就可能造成严重的政治后果。最近，许多国家的选举以及出现的越来越极端的潮流和政党正说明了这些。

个人痛苦、社会内部心理创伤、政治气候之间的关系，目前尚未得到研究人员的重视。但可以看到大群体对外来者、异见者的行为态度如何导致了极端政党的形成、世界范围内对种族主义领导人的支持，并不断引发新的危机。

仇恨和排斥的第一粒种子种在人际关系之中，而且经常在童年最早期就已种下。儿童早期依附专家卡尔·海因茨·布里施说："没有人能承受一直被恶语相向，这会让人生病，或是愤怒。"童年早期依附和可靠关系在德国及其他许多西方国家还远没有被承认为人际互动的重要基础，更没有得到保护，布里施在新西兰参加某次会议时对此深有体会，与会的也有当地的毛利人治疗师。

会议开始后，毛利人请所有与会者举出社会最该给予其儿童的三样东西。西方的儿童依附学者们讨论了许久，经过几个小时也没有得出统一结论，而毛利人在仅仅半分钟之后就对最重要的几点达成了共识，那就是关心、分享、爱护。

致谢

我与许多医生、心理学家及其他专家多次谈及情感暴力这一主题。他们之中的有些人展开了广泛的对话和讨论，有时也提出了非常不同的见解——关于这种现象的意义和普遍性、受其影响者自己有多大作用，以及情感暴力是否属于“人类互动的背景噪声”。

他们中的许多人多次给了我有价值的信息和阅读建议，我衷心感谢他们的支持、耐心和帮助。在本书中，我采用了很多他们的判断和评价，并力图准确地给出他们的看法。如果小心仔细之下还是未能做到，书稿中可能会有误解、错判、歪曲。如果发生这样的情况，那完全是因为我，而不是被我引用的人。我十分感谢：

克里斯托弗·贝特格教授，医学博士、精神病学家、《德国医学周刊》医学科学编辑部主任；

哈特维希·鲍尔教授，博士、旧厄廷手术中心前主任医生，曾长期担任德国外科手术协会秘书长；

科尔内留斯·博尔克教授，博士、吕贝克大学医学伦理及科学史学院主任；

卡尔·海因茨·布里施教授，博士、慕尼黑大学附属豪纳儿童医院儿童心身医学及心理治疗科主任、帕拉塞尔苏斯私立医科大学萨尔茨堡校区教授；

乌尔里希·布罗克林教授，博士、弗莱堡大学社会学教授；

迪特尔·弗赖教授，博士、慕尼黑大学社会心理学教授；

哈拉尔德·京德尔教授，博士、乌尔姆大学附属医院心身医学及心理治疗科医务主任；

马丁·黑尔特教授，双博士、汉堡大学附属埃彭多夫医院心理社会医学中心医疗心理学诊所及学院主任；

弗洛里安·海嫩教授，博士、慕尼黑大学附属豪纳儿童医院儿童神经及儿童发育科主任；

彼得·亨宁森教授，博士、慕尼黑工业大学附属心身医学及心理治疗医院院长；

沃尔夫冈·希默尔教授，博士、哥廷根大学附属医院全科医学科教授；

韦雷娜·卡斯特教授，博士、苏黎世大学心理学教授、苏黎世荣格研究院院长；

安德烈亚斯·梅尔克教授，博士、苏黎世大学心理学院精神病理学及临床干预教授；

伊冯娜·内斯托里乌克教授，博士、汉堡大学附属埃彭多夫医院心身医学及心理治疗学院兼诊所主任心理医生；

温弗里德·里夫教授，博士、马尔堡大学临床心理学及心理治疗教授；

乔拉姆·罗内尔，博士、瑞士巴默尔韦特医院心身医学主任医生；

马丁·扎克教授，博士、慕尼黑工业大学附属心身医学及心理治疗科主任；

马库斯·席尔腾沃尔夫教授，博士、海德堡大学附属医院保守骨科主任；

斯特凡·齐普费尔教授，博士、图宾根大学附属医院心身医学及心理治疗科主任。

参考书目

下面按字母表顺序列出了我引用过或从中获取了重要背景信息的专业文章和书籍，以及其他一些有帮助的读物。大部分高质量的医学、心理学研究都是发表在英文期刊上的，其中有许多可自由阅读。找到这些文章的方法有很多，特别有用的是通过藏有超两千万篇医学专业文章的美国国家医学图书馆进行查阅。大部分文章在网上有简短摘要免费阅读，也有不少文章可免费全文下载。

书目写法遵循国际惯例，依次为作者、文章、发表期刊，后面的数字代表期刊年份、刊号、文章起始页码。

Allison PJ, Guichard C, Fung K, Gilain L: Dispositional optimism predicts survival status 1 year after diagnosis in head and neck cancer patients. Journal of Clinical Oncology 2003;21 : 543

Als H, Lawhon G, Duffy FH, McAnulty GB, Gibes–Grossman R, Blickman JG: Individualized developmental care for the very low–birth–weight preterm infant. Medical and neurofunctional effects. JAMA 1994;272 : 853

Angelovski A, Sattel H, Henningsen P, Sack M: Heart rate variability predicts psychotherapy outcome in pain–predominant multisomatoform disorder. Journal of Psychosomatic Research 2016;83 : 16

Antonawich FJ, Melton CS, Wu P, Davis JN: Nesting and shredding behavior as an indicator of hippocampal ischemic damage. Brain Research 1997;764 : 249

Barefoot JC, Larsen S, von der Lieth L, Schroll M: Hostility, incidence of acute myocardial infarction, and mortality in a sample of older Danish men and women. American Journal of Epidemiology 1995;142 : 477

Bartens W: Körperglück – Wie gute Gefühle gesund machen. München 2010

Bartens W: Was Paare zusammenhält. Warum man sich riechen können muss und Sex überschätzt wird. München 2013

Bartens W: Empathie. Die Macht des Mitgefühls: Weshalb einfühlsame Menschen gesund und glücklich sind. München 2015

Beard DJ, Rees JL, Cook JA, Rombach I, Cooper C, Merritt N, Shirkey BA,

Donovan JL, Gwilym S, Savulescu J, Moser J, Gray A, Jepson M, Tracey I, Judge A, Wartolowska K, Carr AJ; CSAW Study Group: Arthroscopic subacromial decompression for subacromial shoulder pain (CSAW): a multicentre, pragmatic, parallel group, placebo–controlled, three–group, randomised surgical trial. Lancet 2018;391 : 329

Berntsen D, Rubin DC, Siegler IC: Two versions of life: emotionally negative and positive life events have different roles in the organization of life story and identity. Emotion 2011;11 : 1190

Bishop SR, Lau M, Shapiro SL, Carlson L, Anderson ND, Carmody J, Segal ZV, Abbey S, Speca M, Velting D, Devins G: Mindfulness: A proposed operational definition. Clinical Psychology: Science and Practice 2004;11 : 230

Botj I, Kuiper J: Stressed brain, stressed heart? Lancet 2017;389 : 770

Brisch KH (Hg.): Bindung und emotionale Gewalt. Stuttgart 2017

Bröckling U: Disziplin: Soziologie und Geschichte militärischer Gehorsamsproduktion. Paderborn 1997

Buchmann M, Wermeling M, Lucius–Hoene G, Himmel W: Experiences of food abstinence in patients with type 2 diabetes: a qualitative study. BMJ Open 2016;6:e008907

Buske–Kirschbaum A, Geiben A, Wermke C, Pirke KM, Hellhammer D: Preliminary evidence for Herpes labialis recurrence following experimentally induced disgust. Psychotherapy and Psychosomatics 2001;70 : 86

Buske–Kirschbaum A, Kern S, Ebrecht M, Hellhammer DH: Altered distribution of leukocyte subsets and cytokine production in response to acute psychosocial stress in patients with psoriasis vulgaris. Brain, Behavior, and Immunity 2007;21 : 92

Champagne FA, Meaney MJ: Transgenerational effects of social environment on variations in maternal care and behavioral response to novelty. Behavioral Neuroscience 2007;121 : 1353

Champagne FA, Meaney MJ: Stress during gestation alters postpartum maternal care and the development of the offspring in a rodent model. Biological Psychiatry 2006;59 : 1227

Chandola T, Britton A, Brunner E, Hemingway H, Malik M, Kumari M, Badrick E, Kivimaki M, Marmot M: Work stress and coronary heart disease: what are the mechanisms? Eur Heart J. 2008;29 : 640

Chugani HT, Behen ME, Muzik O, Juhász C, Nagy F, Chugani DC: Local brain functional activity following early deprivation: a study of postinstitutionalized Romanian orphans. Neuroimage 2001;14 : 1290

Cole SW: Social Regulation of Human Gene Expression: Mechanisms and Implications for Public Health. American Journal of Public Health 2013;103:84

Colloca L: Nocebo effects can make you feel pain. Science 2017;358 : 44

Cornwell EY, Waite LJ: Social disconnectedness, perceived isolation, and health among older adults. Journal of Health and Social Behavior 2009;50 : 31

Cyrulnik B: Scham. Die vielen Facetten eines tabuisierten Gefühls. Munderfing 2018

Dewall CN, Macdonald G, Webster GD, Masten CL, Baumeister RF, Powell C, Combs D, Schurtz DR, Stillman TF, Tice DM, Eisenberger NI:Acetaminophen reduces social pain: behavioral and neural evidence. Psychological Science 2010;21 : 931

Diamond J: Vermächtnis: Was wir von traditionellen Gesellschaften lernen können. Frankfurt a.M. 2012

Doom JR, Mason SM, Suglia SF, Clark CJ: Pathways between childhood/ adolescent adversity, adolescent socioeconomic status, and long–term cardiovascular disease risk in young adulthood. Social Science & Medicine 2017;188 : 166

Doulalas AD, Rallidis LS, Gialernios T, Moschonas DN, Kougioulis MN, Rizos I, Tselegaridis TS, Kremastinos DT: Association of depressive symptoms with coagulation factors in young healthy individuals. Atherosclerosis 2006;186 : 121

Duve K: Dies ist kein Liebeslied. Frankfurt a.M. 2002

Eisenberger NI: Social pain and the brain: Controversies, questions, and where to go from here. Annual Review of Psychology 2015;66 : 601

Eisenberger NI: The pain of social disconnection: examining the shared neural underpinnings of physical and social pain. Nature Reviews Neurosciences 2012;13 : 421

Eisenberger NI, Lieberman MD: Why rejection hurts: A common neural alarm system for physical and social pain. Trends in Cognitive Sciences2004;8 : 294

Eisenberger NI, Lieberman MD, Williams KD: Does rejection hurt? An FMRI study of social exclusion. Science 2003;302 : 290

Eluvathingal TJ, Chugani HT, Behen ME, Juhász C, Muzik O, Maqbool M, Chugani DC, Makki M: Abnormal brain connectivity in children after early severe socioemotional deprivation: a diffusion tensor imaging study. Pediatrics 2006;117 : 2093

Fuge P, Aust S, Fan Y, Weigand A, Gärtner M, Feeser M, Bajbouj M, Grimm S: Interaction of early life stress and corticotropin–releasing hormone receptor gene: effects on working memory. Biological Psychiatry 2014;76 : 888

Furman B: Es ist nie zu spät, eine glückliche Kindheit zu haben. Dortmund 2013

Geiser F, Meier C, Wegener I, Imbierowicz K, Conrad R, Liedtke R, Oldenburg J, Harbrecht U: Association between anxiety and factors of coagulation and fibrinolysis. Psychotherapy and Psychosomatic 2008;77 : 377

Ghadri JR, Sarcon A, Diekmann J, Bataiosu DR, Cammann VL, Jurisic S, Napp LC, Jaguszewski M, Scherff F, Brugger P, Jäncke L, Seifert B, Bax JJ, Ruschitzka F, Lüscher TF, Templin C; InterTAK Co–investigators: Happy heart syndrome: role of positive emotional stress in takotsubo syndrome. European Heart Journal 2016;37 : 2823

Giedd JN: The amazing teen brain. Scientific American 2015;312 : 32

Giltay EJ, Geleijnse JM, Zitman FG, Hoekstra T, Schouten EG: Dispositional optimism and all–cause and cardiovascular mortality in a prospective cohort of elderly Dutch men and women. Archives of General Psychiatry 2004;61 : 1126

Gould F, Clarke J, Heim C, Harvey PD, Majer M, Nemeroff CB: The effects of child abuse and neglect on cognitive functioning in adulthood. Journal of Psychiatric Research 2012;46 : 500

Grimm S, Wirth K, Fan Y, Weigand A, Gärtner M, Feeser M, Dziobek I, Bajbouj M, Aust S: The interaction of corticotropin–releasing hormone receptor gene and early life stress on emotional empathy. Behavioural Brain Research 2017;329 : 180

Hanson JL, Nacewicz BM, Sutterer MJ, Cayo AA, Schaefer SM, Rudolph KD, Shirtcliff EA, Pollak SD, Davidson RJ: Behavioral problems after early life stress: contributions of the hippocampus and amygdala. Biological Psychiatry 2015;77 : 314

Hell D: Kränkung und Scham in der Erfolgsgesellschaft. Zeitschrift für Integrative Gestaltpädagogik und Seelsorge 2016;80 : 28

Henningsen P, Zimmermann T, Sattel H: Medically Unexplained Physical Symptoms, Anxiety, and Depression: A Meta–Analytic Review. Psychosomatic Medicine 2003;65 : 528

Hepper EG, Hart CM, Sedikides C: Moving Narcissus: Can Narcissists Be Empathic? Personality and Social Psychology Bulletin 2014;40 : 1079

Hochschild AR: Das gekaufte Herz: Zur Kommerzialisierung der Gefühle. Frankfurt a.M., New York 1990

Holt–Lunstad J: Why Social Relationships Are Important for Physical Health: A Systems Approach to Understanding and Modifying Risk and Protection. Annual Review of Psychology 2018;69 : 437

Holt–Lunstad J, Jones BQ, Birmingham W: The influence of close relationships on nocturnal blood pressure dipping. International Journal of Psychophysiology 2009;71 : 211

Holt–Lunstad J, Smith TB, Layton JB: Social relationships and mortality risk: a meta–analytic review. PLoS Medicine 2010;7:e1000316

Horwitz AV, Wakefield JC: The loss of sadness. How psychiatry transformed normal sorrow into depressive disorder, Oxford 2007

Hughes ME, Waite LJ: Health in household context: living arrangements and health in late middle age. Journal of Health and Social Behavior 2002;43 : 1

Imbierowicz K, Egle UT: Childhood adversities in patients with fibromyalgia and somatoform pain disorder. European Journal of Pain 2003;7 : 113

von Känel R, Mills PJ, Fainman C, Dimsdale JE: Effects of psychological stress and psychiatric disorders on blood coagulation and fibrinolysis: a biobehavioral pathway to coronary artery disease? Psychosomatic Medicine 2001;63 : 531

Katz LF, Gottman JM: Buffering children from marital conflict and dissolution. Journal of Clinical Child Psychology 1997;26 : 157

Keshavan MS, Giedd J, Lau JY, Lewis DA, Paus T: Changes in the adolescent brain and the pathophysiology of psychotic disorders. Lancet Psychiatry 2014;1 : 549

Keysers C, Gazzola V: Dissociating the ability and propensity for empathy. Trends in Cognitive Sciences 2014;18 : 163

Kiecolt–Glaser JK, Dura JR, Speicher CE, Trask OJ, Glaser R: Spousal caregivers of dementia victims: longitudinal changes in immunity and health. Psychosomatic Medicine 1991;53 : 345

Kiecolt–Glaser JK, Loving TJ, Stowell JR, Malarkey WB, Lemeshow S: Hostile marital interactions, proinflammatory cytokine production, and wound healing. Archives of General Psychiatry 2005;62 : 1377

King KA, Vidourek RA, Merianos AL: Authoritarian parenting and youth depression: Results from a national study. Journal of Prevention and Intervention in the Community 2016;44 : 130

Klengel T, Mehta D, Anacker C, Rex–Haffner M, Pruessner JC, Pariante CM, Pace TW, Mercer KB, Mayberg HS, Bradley B, Nemeroff CB, Holsboer F, Heim CM, Ressler KJ, Rein T, Binder EB: Allele–specific FKBP5 DNA demethylation mediates gene–childhood trauma interactions. Nature Neuroscience 2013;16 : 33

Kobelt A, Gutenbrunner C, Schmid–Ott G, Schwickerath J, Petermann F: Do people with mobbing experience which apply for medical rehabilitation have a peculiar personality? Psychotherapie, Psychosomatik, Medizinische Psychologie 2010;60 : 279

Kobelt A, Pfeiffer W, Winkler M, vom Bauer V, Gutenbrunner C, Petermann F: Are harassment victims a special group of patients in psychosomatic rehabilitation? Rehabilitation 2009;48 : 312

Kuyken W, Watkins E, Holden E, White K, Taylor RS, Byford S, Evans A, Radford S, Teasdale JD, Dalgleish T: How does mindfulnessbased cognitive therapy work? Behavior Research and Therapy 2010;48 : 1105

Maaz HJ: Gefühlsstau. Ein Psychogramm der DDR. Berlin 1992

MacBeth A, Gumley A: Exploring compassion: a meta–analysis of the association between self–compassion and psychopathology. Clinical Psychology Review 2012;32 : 545

Maercker A, Hecker T, Augsburger M, Kliem S: ICD–11 Prevalence Rates of Posttraumatic Stress Disorder and Complex Posttraumatic Stress Disorder in a German Nationwide Sample. Journal of Nervous and Mental Disease 2018 (online)

Marantz PR, Bird ED, Alderman MH: A call for higher standards of evidence for dietary guidelines. American Journal of Preventive Medicine 2008;34 : 234

Meyer ML, Williams KD, Eisenberger NI: Why Social Pain Can Live on: Different Neural Mechanisms Are Associated with Reliving Social and Physical Pain. PLoS One 2015;10:e0128294

Mills KL, Goddings AL, Clasen LS, Giedd JN, Blakemore SJ: The developmental mismatch in structural brain maturation during adolescence. Developmental Neuroscience 2014;36 : 147

Muscatell KA, Dedovic K, Slavich GM, Jarcho MR, Breen EC, Bower JE, Irwin MR, Eisenberger NI: Neural mechanisms linking social status and inflammatory responses to social stress. Social cognitive and affective neuroscience 2016;11 : 915

Neff K: Selbstmitgefühl. Wie wir uns mit unseren Schwächen versöhnen und uns selbst der beste Freund werden. München 2012

Neff KD, Germer CK: A pilot study and randomized controlled trial of the mindful self-compassion program. Journal of Clinical Psychology 2013;69 : 28

Niethammer D: Wenn ein Kind schwer krank ist. Über den Umgang mit der Wahrheit. Berlin 2010

Ogle CM, Rubin DC, Berntsen D, Siegler IC: The Frequency and Impact of Exposure to Potentially Traumatic Events Over the Life Course. Clinical Psychological Science 2013;1 : 426

Opondo C, Redshaw M, Savage-McGlynn E, Quigley MA: Father involvement in early child-rearing and behavioural outcomes in their pre-adolescent children: evidence from the ALSPAC UK birth cohort. BMJ Open 2016;6:e012034

Palant A, Koschack J, Lucius-Hoene G, Karaus M, Himmel W: Dann wirst du bekloppt, weil du von Nutella träumst: Wie erleben Menschen mit chronisch-entzündlichen Darmerkrankungen Essen und Ernährung? 12. Deutscher Kongress für Versorgungsforschung Berlin 2013

Porges SW: The polyvagal perspective. Biological Psychology 2007;74 : 116

Radesky JS, Eisenberg S, Kistin CJ, Gross J, Block G, Zuckerman B, Silverstein M: Overstimulated Consumers or Next-Generation Learners? Parent Tensions About Child Mobile Technology Use. Annals of Family Medicine 2016;14 : 503

Radesky JS, Kistin C, Eisenberg S, Gross J, Block G, Zuckerman B, Silverstein M: Parent Perspectives on Their Mobile Technology Use: The Excitement and Exhaustion of Parenting While Connected. Journal of Developmental & Behavioral Pediatrics 2016;37 : 694

Regnante RA, Zuzek RW, Weinsier SB, Latif SR, Linsky RA, Ahmed HN, Sadiq I: Clinical characteristics and four-year outcomes of patients in the Rhode Island Takotsubo Cardiomyopathy Registry. American Journal of Cardiology 2009;103 : 1015

Robinson B, Coveleski S: Don' t Say That to ME: Opposition to Targeting in Weight-Centric Intervention Messages. Health Communication 2018;33 : 139

Rockcliff H, Gilbert P, McEwan K, Lightman S, Glover D: A pilot exploration of heart rate variability and salivary cortisol responses to compassionfocused imagery. Clinical Neuropsychiatry 2008;5 : 132

Rosa H: Beschleunigung. Die Veränderung der Zeitstrukturen in der Moderne. Berlin 2005

Rosenberg AR, Starks H, Unguru Y, Feudtner C, Diekema D: Truth Telling in the Setting of Cultural Differences and Incurable Pediatric Illness: A Review. JAMA Pediatrics 2017;171 : 1113

Rozanski A, Blumenthal JA, Kaplan J: Impact of psychological factors on the pathogenesis of cardiovascular disease and implications for therapy. Circulation 1999;99 : 2192

Sack M, Spieler D, Wizelman L, Epple G, Stich J, Zaba M, Schmidt U: Intranasal oxytocin reduces provoked symptoms in female PTSD patients despite exerting sympathomimetic and positive chronotropic effects in a randomized controlled trial. BMC–Psychiatry 2017 (online)

Sack M, Zehl S, Otti A, Lahmann C, Kruse J, Henningsen P, Stingl M: A Comparison of Dual Attention, Eye Movements, and Exposure Only during Eye Movement Desensitization and Reprocessing for Posttraumatic Stress Disorder: Results from a Randomized Clinical Trial. Psychotherapy Psychosomatics 2016;85 : 357

Scheier MF, Matthews KA, Owens JF, Schulz R, Bridges MW, Magovern GJ, Carver CS. Optimism and rehospitalization after coronary artery bypass graft surgery. Archives of Internal Medicine 1999;159 : 829

Schreurs BW, van der Pas SL: No benefit of arthroscopy in subacromial shoulder pain. Lancet 2018;391 : 289

Servan–Schreiber D: Die neue Medizin der Emotionen. Stress, Angst, Depression: Gesund werden ohne Medikamente. München 2004

Sheridan MA, Fox NA, Zeanah CH, McLaughlin KA, Nelson CA 3rd: Variation in neural development as a result of exposure to institutionalization early in childhood. Proceedings of the National Academy of Sciences of the USA 2012;109 : 12927

Silberg J, Kendler KS: Causal and Noncausal Processes Underlying Being Bullied. JAMA Psychiatry 2017;74 : 1091

Singham T, Viding E, Schoeler T, Arseneault L, Ronald A, Cecil CM, McCrory E, Rijsdijk F, Pingault JB: Concurrent and Longitudinal Contribution of Exposure to Bullying in Childhood to Mental Health: The Role of Vulnerability and Resilience. JAMA Psychiatry 2017;74 : 1112

Stern R: Der Gaslight–Effekt. Wie Sie versteckte emotionale Manipulationen erkennen und abwenden. München 2017

Stickgold R: EMDR: A putative neurobiological mechanism. Journal of Clinical

Psychology 2002;58 : 61

Stickgold R, Hobson JA: Sleep, learning and dreams: Offline memory reprocessing. Science 2001;294 : 1052

Strike PC, Kesson M, Brydon L, Edwards S, McEwan JR, Steptoe A: Exaggerated platelet and hemodynamic reactivity to mental stress in men with coronary artery disease. Psychosomatic Medicine 2004;66 : 492

Strohschein B: Die gekränkte Gesellschaft. Das Leiden an Entwertung und das Glück durch Anerkennung. München 2015

Suglia SF, Clark CJ, Boynton–Jarrett R, Kressin NR, Koenen KC: Child maltreatment and hypertension in young adulthood. BMC Public Health 2014;14 : 1149

Suglia SF, Koenen KC, Boynton–Jarrett R, Chan PS, Clark CJ, Danese A, Faith MS, Goldstein BI, Hayman LL, Isasi CR, Pratt CA, Slopen N, Sumner JA, Turer A, Turer CB, Zachariah JP: Childhood and Adolescent Adversity and Cardiometabolic Outcomes: A Scientific Statement From the American Heart Association. Circulation 2018;137:e15

Surtees PG, Wainwright NW, Luben RN, Wareham NJ, Bingham SA, Khaw KT: Depression and ischemic heart disease mortality: evidence from the EPIC–Norfolk United Kingdom prospective cohort study. American Journal of Psychiatry 2008;165 : 515

Tawakol A, Ishai A, Takx RA, Figueroa AL, Ali A, Kaiser Y, Truong QA, Solomon CJ, Calcagno C, Mani V, Tang CY, Mulder WJ, Murrough JW, Hoffmann U, Nahrendorf M, Shin LM, Fayad ZA, Pitman RK: Relation between resting amygdalar activity and cardiovascular events: a longitudinal and cohort study. Lancet 2017;389 : 834

Ten Brinke L, Kish A, Keltner D: Hedge Fund Managers With Psychopathic Tendencies Make for Worse Investors. Personality and Social Psychology Bulletin 2018;44 : 214

Tinnermann A, Geuter S, Sprenger C, Finsterbusch J, Büchel C: Interactions between brain and spinal cord mediate value effects in nocebo hyperalgesia. Science 2017;358 : 105

Tottenham N, Sheridan MA: A review of adversity, the amygdala and the hippocampus: a consideration of developmental timing. Frontiers in Human Neuroscience 2010;3 : 68

Vidi V, Rajesh V, Singh PP, Mukherjee JT, Lago RM, Venesy DM, Waxman S, Pyne CT, Piemonte TC, Gossman DE, Nesto RW: Clinical characteristics of tako–tsubo cardiomyopathy. American Journal of Cardiology 2009;104 : 578

Watkins LE, Han S, Harpaz–Rotem I, Mota NP, Southwick SM, Krystal JH, Gelernter J, Pietrzak RH: FKBP5 polymorphisms, childhood abuse, and PTSD symptoms: Results from the National Health and Resilience in Veterans Study. Psychoneuroendocrinology 2016;69 : 98

Weaver SA, Diorio J, Meaney MJ: Maternal separation leads to persistent reductions in pain sensitivity in female rats. Journal of Pain 2007;8 : 962

Wilson S, Becker L: Eye movement desensitization and reprocessing (EMDR) treatment for psychologically traumatized individuals. Journal of Consulting and Clinical Psychology 1995;63 : 928

Wilson S, Becker L: Fifteen–month follow up of eye movement desensitization and reprocessing (EMDR) treatment for posttraumatic stress disorder and psychological trauma. Journal of Consulting and Clinical Psychology 1997;65 : 1047

Yusuf S, Hawken S, Ounpuu S, Dans T, Avezum A, Lanas F, McQueen M, Budaj A, Pais P, Varigos J, Lisheng L; INTERHEART Study Investigators: Effect of potentially modifiable risk factors associated with myocardial infarction in 52 countries (the INTERHEART study): case–control study. Lancet 2004;364 : 937

尾注

1 Der Tagungsband dazu: Brisch KH (Hg.): Bindung und emotionale Gewalt. Stuttgart 2017

2 Cole SW: Social Regulation of Human Gene Expression: Mechanisms and Implications for Public Health. American Journal of Public Health 2013;103:84

3 Holt-Lunstad J: Why Social Relationships Are Important for Physical Health: A Systems Approach to Understanding and Modifying Risk and Protection. Annual Review of Psychology 2018;69 : 437

Holt-Lunstad J, Smith TB, Layton JB: Social Relationships and Mortality Risk: A Meta-analytic Review. PLo-S Medicine 2010;7:e1000316

4 Gould F, Clarke J, Heim C, Harvey PD, Majer M, Nemeroff CB: The Effects of Child Abuse and Neglect on Cognitive Functioning in Adulthood. Journal of Psychiatric Research 2012;46 : 500

5 Stern R: Der Gaslight-Effekt. Wie sie versteckte emotionale Manipulationen erkennen und abwenden. München 2017

6 Weaver SA, Diorio J, Meaney MJ: Maternal Separation Leads to Persistent Reductions in Pain Sensitivity in Female Rats. Journal of Pain 2007;8 : 962

Champagne FA, Meaney MJ: Transgenerational Effects of Social Environment on Variations in Maternal Care and Behavioral response to Novelty. Behavioral Neuroscience 2007;121 : 1353

7 Klengel T, Mehta D, Anacker C, Rex-Haffner M, Pruessner JC, Pariante CM, Pace TW, Mercer KB, Mayberg HS, Bradley B, Nemeroff CB, Holsboer F, Heim CM, Ressler KJ, Rein T, Binder EB: Allele-specific FKBP5 DNA demethylation mediates gene-childhood trauma interactions. Nature Neuroscience 2013;16 : 33

8 Watkins LE, Han S, Harpaz-Rotem I, Mota NP, Southwick SM, Krys-tal JH, Gelernter J, Pietrzak RH: FKBP5 polymorphisms, childhood abuse, and PTSD symptoms: Results from the National Health and Resilience in Veterans Study. Psychoneuroendocrinology 2016;69 : 98

9 Mills KL, Goddings AL, Clasen LS, Giedd JN, Blakemore SJ: The Developmental Mismatch in Structural Brain Maturation During Adolescence. Developmental Neuroscience 2014;36 : 147

10 Giedd JN: The Amazing Teen Brain. Scientific American 2015;312 : 32

Keshavan MS, Giedd J, Lau JY, Lewis DA, Paus T: Changes in the adolescent brain and the pathophysiology of psychotic disorders. Lancet Psychiatry 2014;1 : 549

11 Hanson JL, Nacewicz BM, Sutterer MJ, Cayo AA, Schaefer SM, Rudolph KD, Shirtcliff EA, Pollak SD, Davidson RJ: Behavioral Problems After Early Life Stress: Contributions of the Hippocampus and Amygdala. Biological Psychiatry 2015;77 : 314

12 Tottenham N, Sheridan MA: A Review of Adversity, the Amygdala and the Hippocampus: a Consideration of Developmental Timing. Frontiers in Human Neuroscience 2010;3 : 68

13 Fuge P, Aust S, Fan Y, Weigand A, Gärtner M, Feeser M, Bajbouj M, Grimm S: Interaction of Early Life Stress and Corticotropin-releasing Hormone Receptor Gene: Effects on Working Memory. Biological Psychiatry 2014;76 : 888

14 Furman B: Es ist nie zu spät, eine glückliche Kindheit zu haben. Dortmund 2013

15 Doom JR, Mason SM, Suglia SF, Clark CJ: Pathways between childhood/ adolescent adversity, adolescent socioeconomic status, and longterm cardiovascular disease risk in young adulthood. Social Science & Medicine 2017;188 : 166

16 Suglia SF, Koenen KC, Boynton-Jarrett R, Chan PS, Clark CJ, Danese A, Faith MS, Goldstein BI, Hayman LL, Isasi CR, Pratt CA, Slopen N, Sumner JA, Turer A, Turer CB, Zachariah JP: Childhood and Adolescent Adversity and Cardiometabolic Outcomes: A Scientific Statement From the American Heart Association. Circulation 2018;137:e15

17 Vidi V, Rajesh V, Singh PP, Mukherjee JT, Lago RM, Venesy DM, Waxman S, Pyne CT, Piemonte TC, Gossman DE, Nesto RW: Clinical characteristics of tako-tsubo cardiomyopathy. American Journal of Cardiology 2009;104 : 578

18 Regnante RA, Zuzek RW, Weinsier SB, Latif SR, Linsky RA, Ahmed HN, Sadiq I: Clinical characteristics and four-year outcomes of patients in the Rhode Island Takotsubo Cardiomyopathy Registry. American Journal of Cardiology 2009;103 : 1015

19 Ghadri JR, Sarcon A, Diekmann J, Bataiosu DR, Cammann VL, Jurisic S, Napp LC, Jaguszewski M, Scherff F, Brugger P, Jäncke L, Seifert B, Bax JJ, Ruschitzka F, Lüscher TF, Templin C; InterTAK Co-investigators: Happy heart syndrome: role of positive emotional stress in takotsubo syndrome. European Heart Journal 2016;37 : 2823

20 Tawakol A, Ishai A, Takx RA, Figueroa AL, Ali A, Kaiser Y, Truong QA, Solomon CJ, Calcagno C, Mani V, Tang CY, Mulder WJ, Murrough JW, Hoffmann U, Nahrendorf

M, Shin LM, Fayad ZA, Pitman RK: Relation between resting amygdalar activity and cardiovascular events: a longitudinal and cohort study. Lancet 2017;389 : 834

21 Yusuf S, Hawken S, Ounpuu S, Dans T, Avezum A, Lanas F, McQueen M, Budaj A, Pais P, Varigos J, Lisheng L; INTERHEART Study Investigators: Effect of potentially modifiable risk factors associated with myocardial infarction in 52 countries (the INTERHEART study): case-control study. Lancet 2004;364 : 937

22 Bot I, Kuiper J: Stressed brain, stressed heart? Lancet 2017;389 : 770

23 In vielen Städten werden beispielsweise Kurse unter dem Begriff «Safe – sichere Ausbildung für Eltern» angeboten

24 Diamond J: Vermächtnis: Was wir von traditionellen Gesellschaften lernen können. Frankfurt a.M. 2012

25 Katz LF, Gottman JM: Buffering children from marital conflict and dissolution. Journal of Clinical Child Psychology 1997;26 : 157

26 Eluvathingal TJ, Chugani HT, Behen ME, Juhász C, Muzik O, Maqbool M, Chugani DC, Makki M: Abnormal brain connectivity in children after early severe socioemotional deprivation: a diffusion tensor imaging study. Pediatrics 2006;117 : 2093.

Chugani HT, Behen ME, Muzik O, Juhász C, Nagy F, Chugani DC: Local Brain Functional Activity Following Early Deprivation: A Study of Postinstitutionalized Romanian Orphans. Neuroimage 2001; 14 : 1290

27 Sheridan MA, Fox NA, Zeanah CH, McLaughlin KA, Nelson CA 3rd: Variation in neural development as a result of exposure to institutionalization early in childhood. Proceedings of the National Academy of Sciences of the USA 2012;109 : 12927

28 Shirtcliff EA, Coe CL, Pollak SD: Early childhood stress is associated with elevated antibody levels to herpes simplex virus type 1. Proceedings of the National Academy of Sciences 2009;106 : 2963

29 Radesky JS, Kistin C, Eisenberg S, Gross J, Block G, Zuckerman B, Silverstein M: Parent Perspectives on Their Mobile Technology Use: The Excitement and Exhaustion of Parenting While Connected. Journal of Developmental & Behavioral Pediatrics 2016;37 : 694

30 Radesky JS, Eisenberg S, Kistin CJ, Gross J, Block G, Zuckerman B, Silverstein M: Overstimulated Consumers or Next Generation Learners? Parent Tensions About Child Mobile Technology Use. Annals of Family Medicine 2016;14 : 503

31 Opondo C, Redshaw M, Savage-McGlynn E, Quigley MA: Father involvement in early child-rearing and behavioural outcomes in their preadolescent children: evidence from the ALSPAC UK birth cohort. BMJ Open 2016;6:e012034

32 King KA, Vidourek RA, Merianos AL: Authoritarian parenting and youth depression: Results from a national study. Journal of Prevention and Intervention in the Community 2016;44 : 130

33 Bartens W: Was Paare zusammenhält. Warum man sich riechen können muss und Sex überschätzt wird. München 2013

34 Ten Brinke L, Kish A, Keltner D: Hedge Fund Managers With Psychopathic Tendencies Make for Worse Investors. Personality and Social Psychology Bulletin 2018;44 : 214

35 Meyer ML, Williams KD, Eisenberger NI: Why Social Pain Can Live on: Different Neural Mechanisms Are Associated with Reliving Social and Physical Pain. PLoS One 2015;10:e0128294

Muscatell KA, Dedovic K, Slavich GM, Jarcho MR, Breen EC, Bower JE, Irwin MR, Eisenberger NI: Neural mechanisms linking social status and inflammatory responses to social stress. Social cognitive and affective neuroscience 2016;11 : 915

36 Cyrulnik B: Scham. Die vielen Facetten eines tabuisierten Gefühls. Munderfing 2018

37 Bröckling U: Disziplin: Soziologie und Geschichte militärischer Gehorsamsproduktion. Paderborn 1997

38 Buchmann M, Wermeling M, Lucius-Hoene G, Himmel W: Experiences of food abstinence in patients with type 2 diabetes: a qualitative study. BMJ Open 2016;6:e008907

39 Rosa H: Beschleunigung. Die Veränderung der Zeitstrukturen in der Moderne. Berlin 2005

40 Marantz PR, Bird ED, Alderman MH: A Call for Higher Standards of Evidence for Dietary Guidelines. American Journal of Preventive Medicine 2008;34 : 234

41 Palant A, Koschack J, Lucius-Hoene G, Karaus M, Himmel W: Dann wirst du bekloppt, weil du von Nutella träumst: Wie erleben Menschen mit chronisch-entzündlichen Darmerkrankungen Essen und Ernährung? 12. Deutscher Kongress für Versorgungsforschung. Berlin 2013

42 Niethammer D: Wenn ein Kind schwer krank ist. Über den Umgang mit der Wahrheit. Berlin 2010

43 Rosenberg AR, Starks H, Unguru Y, Feudtner C, Diekema D: Truth Telling in the Setting of Cultural Differences and Incurable Pediatric Illness: A Review. JAMA Pediatrics 2017;171 : 1113

44 Die Begebenheit ist ausführlicher geschildert in: Bartens W: Empathie. Die Macht des Mitgefühls: Weshalb einfühlsame Menschen gesund und glücklich sind. München 2015

45 Tinnermann A, Geuter S, Sprenger C, Finsterbusch J, Büchel C: Interactions between brain and spinal cord mediate value effects in nocebo hyperalgesia. Science 2017;358 : 105

46 Colloca L: Nocebo effects can make you feel pain. Science 2017;358 : 44

47 Singham T, Viding E, Schoeler T, Arseneault L, Ronald A, Cecil CM,

McCrory E, Rijsdijk F, Pingault JB: Concurrent and Longitudinal Contribution of Exposure to Bullying in Childhood to Mental Health: The Role of Vulnerability and Resilience. JAMA Psychiatry 2017;74 : 1112

48 Silberg J, Kendler KS: Causal and Noncausal Processes Underlying Being Bullied. JAMA Psychiatry 2017;74 : 1091

49 Hell D: Kränkung und Scham in der Erfolgsgesellschaft. Zeitschrift für Integrative Gestaltpädagogik und Seelsorge 2016;80 : 28

50 Hochschild, Arlie Russel: Das gekaufte Herz: Zur Kommerzialisierung derGefühle. Frankfurt a.M., New York 1990

51 Interview in der Frankfurter Rundschau am 19. 9. 2012

52 Maercker A, Hecker T, Augsburger M, Kliem S: ICD-11 Prevalence Rates of Posttraumatic Stress Disorder and Complex Posttraumatic Stress Disorder in a German Nationwide Sample. Journal of Nervous and Mental Disease. 2018 (Januar) online

53 Neff K: Selbstmitgefühl. Wie wir uns mit unseren Schwächen versöhnen und uns selbst der beste Freund werden. München 2012

54 Bishop SR, Lau M, Shapiro SL, Carlson L, Anderson ND, Carmody J, Segal ZV, Abbey S, Speca M, Velting D, Devins G: Mindfulness: A Proposed Operational Definition. Clinical Psychology: Science and Practice 2004;11 : 230

55 MacBeth A, Gumley A: Exploring compassion: a meta-analysis of the association between self-compassion and psychopathology. Clinical Psychology Review 2012;32 : 545

56 Rockcliff H, Gilbert P, McEwan K, Lightman S, Glover D: A pilot exploration of heart rate variability and salivary cortisol responses to compassion-focused imagery. Clinical Neuropsychiatry 2008;5 : 132

57 Porges SW: The polyvagal perspective. Biological Psychology 2007;74 : 116

58 Kuyken W, Watkins E, Holden E, White K, Taylor RS, Byford S, Evans A, Radford S, Teasdale JD, Dalgleish T: How does mindfulness-based cognitive therapy work? Behavior Research and Therapy 2010;48 : 1105

Neff KD, Germer CK: A pilot study and randomized controlled trial of the mindful self-compassion program. Journal of Clinical Psychology 2013;69 : 28

59 Hepper EG, Hart CM, Sedikides C: Moving Narcissus: Can Narcissists Be Empathic? Personality and Social Psychology Bulletin 2014;40 : 1079

60 Eisenberger NI, Lieberman MD, Williams KD: Does rejection hurt? An FMRI study of social exclusion. Science 2003;302 : 290

Eisenberger NI, Lieberman MD: Why rejection hurts: A common neural alarm system for physical and social pain. Trends in Cognitive Sciences, 2004;8 : 294

61 Dewall CN, Macdonald G, Webster GD, Masten CL, Baumeister RF, Powell C, Combs D, Schurtz DR, Stillman TF, Tice DM, Eisenberger NI: Acetaminophen reduces social pain: behavioral and neural evidence. Psychological Science 2010;21 : 931

62 Sack M, Spieler D, Wizelman L, Epple G, Stich J, Zaba M, Schmidt U: Intranasal oxytocin reduces provoked symptoms in female PTSD patients despite exerting sympathomimetic and positive chronotropic effects in a randomized controlled trial. BMC Medicine 2017;15 : 40

63 Von dieser beeindruckenden Fallgeschichte habe ich ausführlicher in meinem Buch «Körperglück – Wie gute Gefühle gesund machen» (München 2010) berichtet

64 Servan-Schreiber D: Die neue Medizin der Emotionen. Stress, Angst, Depression: Gesund werden ohne Medikamente. München 2004

65 Stickgold R: EMDR: A putative neurobiological mechanism. Journal of Clinical Psychology 2002;58 : 61

Stickgold R, Hobson JA: Sleep, learning and dreams: Offline memory reprocessing. Science 2001;294 : 1052

66 Wilson S, Becker L: Eye movement desensitization and reprocessing (EMDR) treatment for psychologically traumatized individuals. Journal of Consulting and Clinical Psychology 1995;63 : 928

Wilson S, Becker L: Fifteen-month follow up of eye movement desensitization and reprocessing (EMDR) treatment for posttraumatic stress disorder and psychological trauma. Journal of Consulting and Clinical Psychology 1997;65 : 1047

图书在版编目（CIP）数据

情感暴力 / (德) 维尔纳·巴腾斯著；王烈译. --
北京：北京联合出版公司，2022.11
ISBN 978-7-5596-6461-7

Ⅰ.①情… Ⅱ.①维… ②王… Ⅲ.①心理学—通俗
读物 Ⅳ.①B84-49

中国版本图书馆CIP数据核字(2022)第188835号

北京市版权局著作权合同登记　图字：01-2022-2618

情感暴力

作　　者：（德）维尔纳·巴腾斯　　译　　者：王　烈
出 品 人：赵红仕　　出版监制：辛海峰　陈　江
责任编辑：管　文　　特约编辑：陈　曦
产品经理：周乔蒙　　版权支持：张　婧
封面设计：刘　哲　　版式设计：任尚洁

北京联合出版公司出版
（北京市西城区德外大街83号楼9层　100088）
北京联合天畅文化传播公司发行
万卷书坊印刷（天津）有限公司印刷　新华书店经销
字数 180千字　710毫米×1000毫米　1/16　18印张
2022年11月第1版　2022年11月第1次印刷
ISBN 978-7-5596-6461-7
定价：58.00元